美味營養的手作

親子壽司捲

捏 捲 切 就完成！和孩子一起做野餐點心×造型便當

若生久美子——著　元氣小紗——譯

CONTENTS

INTRO 前言導讀

CONTENTS

※星號★★★代表難易度

PART 1 4歲小孩也能輕鬆上手！可愛圖案及花朵造型 ······ 16

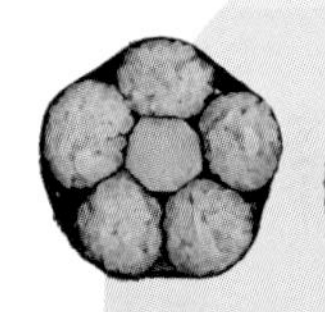

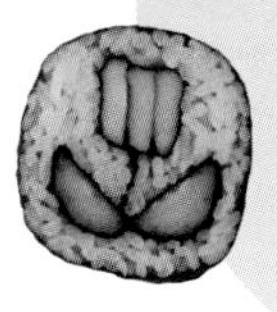

PART 2 適合7歲以上的孩子製作！可愛動物系列 ······ 46

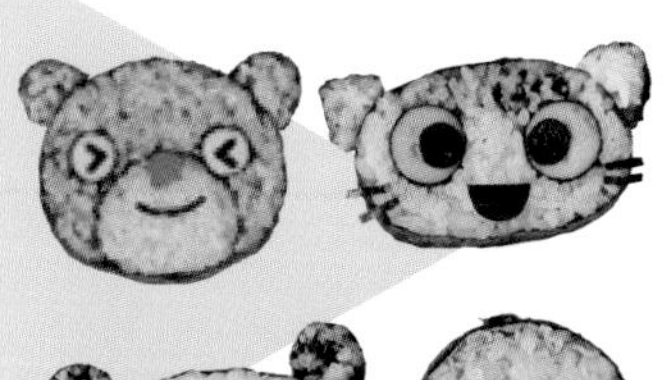

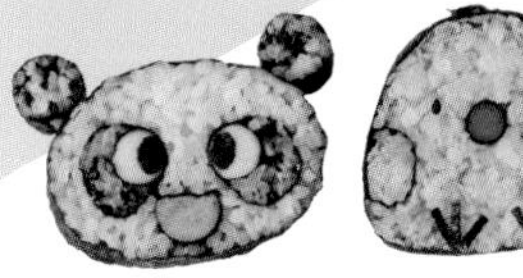

CONTENTS

PART 3 親子同樂真好玩！可愛食物圖樣系列 84

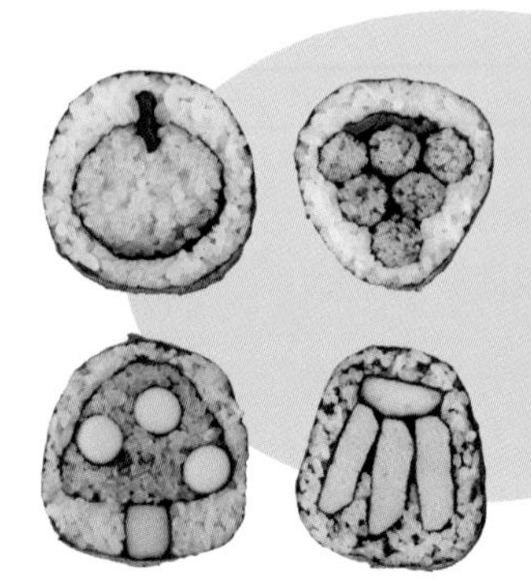

PART 4 進階版壽司捲！適合派對及宴客的華麗圖樣 116

零廚藝也能輕鬆上手！
大人小孩都愛的**親子壽司捲**

「好可愛喔！」、「好想吃～」、「怎麼做出來的？」、「好想捲看看喔！」

做好造型壽司捲並切開它們，端上桌的瞬間，必定會有這些開心又興奮的聲音吧？從剖面蹦出來的可愛圖案，往往能在一般餐桌上、便當中、季節活動、慶典，或是家庭派對中吸引眾人目光！這些壽司捲外觀看起來可愛，吃起來也很美味，正是藉由各式各樣的圖樣來帶給大人與小孩歡樂。

製作食材和組合細捲的工作，有點像是做手工藝的感覺，所以就算廚藝不好的人，也能輕鬆地捲製壽司捲喔！這種感覺很類似折紙、做模型的手工藝呢！製作完成後，切片看到剖面的瞬間，那種心臟噗通噗通的期待感，可是會讓人受不了的呢！

親子一起手作壽司捲，不僅能增進親子間的感情，還能培育孩子們的集中力和想像力，好處可是非常多，請你一定要試看看喔！

本書作者　若生久美子

製作壽司捲的基礎

來準備工具吧！

碗

主要用來製作醋飯，為了製作不同顏色的醋飯，需要數個尺寸大小不等的碗。

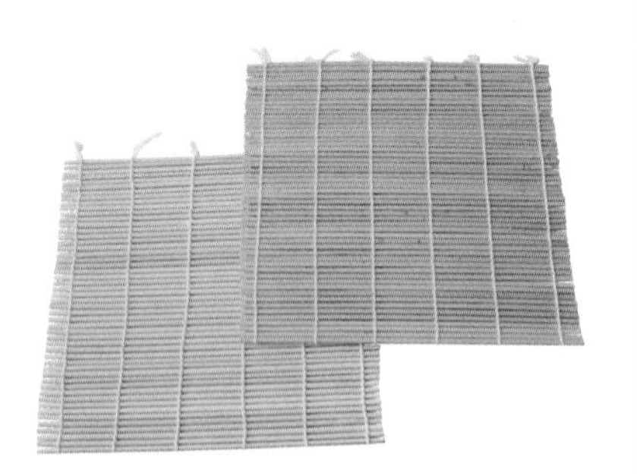

壽司竹簾

單邊長度約25公分的壽司竹簾較易於使用，是用手將壽司捲成一圈並塑形的必要工具。通常是將綠色竹皮朝外（朝下），再放上海苔並捲成壽司捲。但各地習慣不同，也有相反使用的例子。

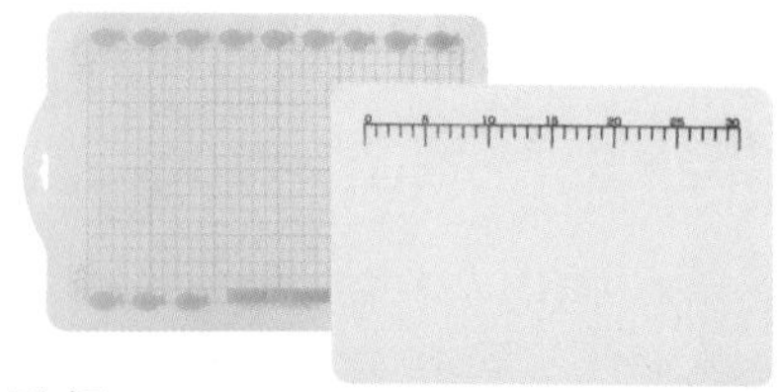

砧板

一般常見的砧板即可，附有格線或尺規的砧板，在製作時測量尺寸會更加便利，也可以拿把尺放在一旁。

拌飯木盆

製作一定份量以上的醋飯時（約450g的生米或990g的米飯以上），最好有個拌飯木盆，會較為方便。

飯匙

用來將米飯和壽司醋拌在一起。

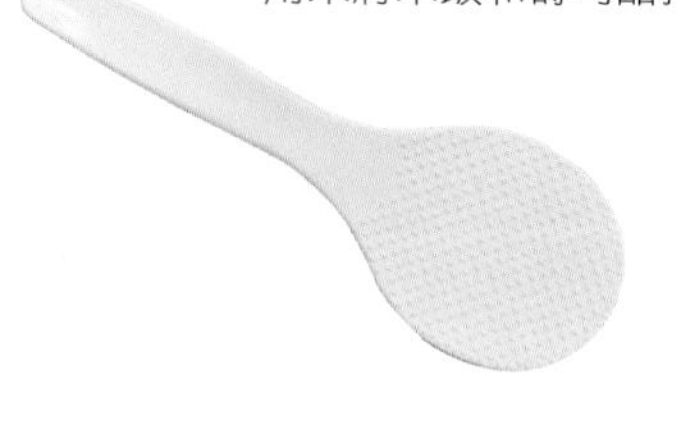

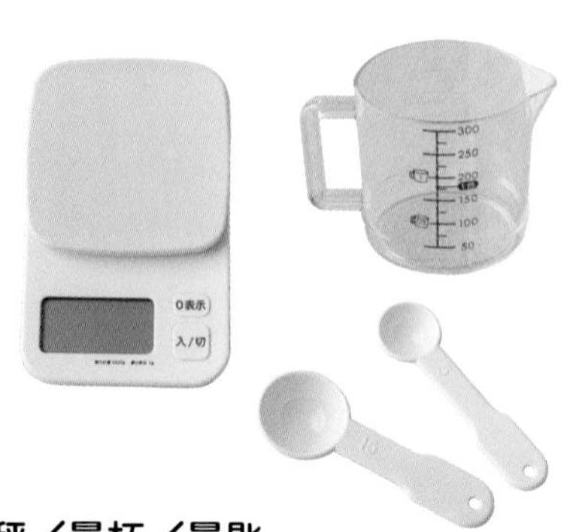

磅秤／量杯／量匙

計算材料的份量，如果有電子秤會更為方便。

料理剪刀

用於裁剪不同大小尺寸的海苔、臉部圖案等細部表現之用。

免洗手套

製作壽司捲時手會沾到壽司醋，可戴上免洗手套，既衛生也不沾手。

菜刀

製作好的壽司捲需要使用菜刀切片（切片技巧請參照P.15）。

專用抹布

先將專用抹布擰溼，待壽司捲切片後，便可以使用抹布來擦拭弄髒的菜刀，製作壽司捲時也可以用來擦拭菜刀或砧板，用途很多。推薦使用圖中的不織布抹布。

製作壽司捲更方便的小道具

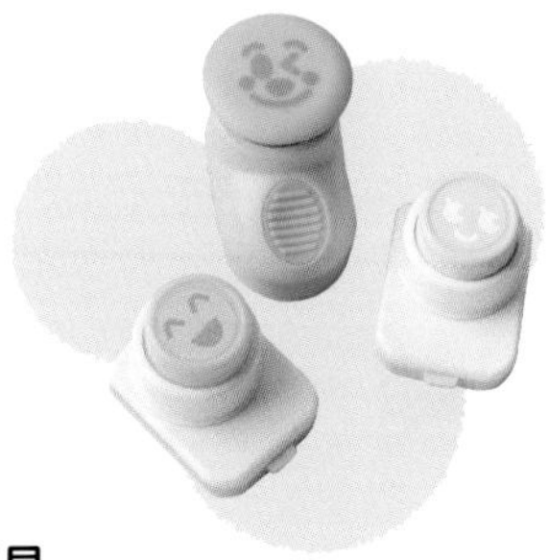

海苔模具

可製作出各種臉部表情圖案的模具，可以在39元商店的便當道具區找到。

海苔打洞器

年齡較小的孩子不太容易能咬斷海苔，只要事先在海苔表面打上無數個小洞，海苔就能更容易咬斷入口。

材料

製作壽司捲的基礎

來準備材料吧！

壽司醋

市售的壽司醋，只要依照瓶身指示的份量，與米飯拌在一起，就能簡單地製作出醋飯。

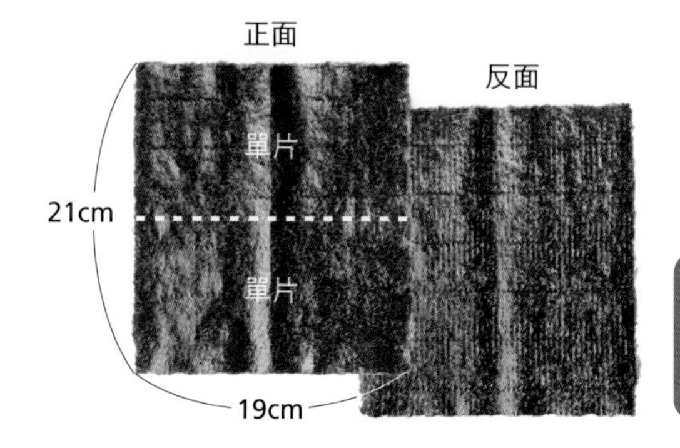

海苔

光滑面朝外（朝下）、粗糙面朝內（朝上），將醋飯置於海苔上（內側上），並捲起來即可。本書所記錄的食譜中，單片海苔的份量是指對切後的半張海苔（如圖）。

不使用現成壽司醋，自製壽司醋的方法

1 材料：白醋、糖、鹽

2 比例：煮好的米飯（約330g）：1又1/2大匙白醋：1大匙糖：1/2小匙鹽，將前述材料充分混合。米飯的份量更多時以此類推。

3 分批加入煮好的米飯，慢慢拌入壽司醋，並充份混合成醋飯。

不使用磅秤，就抓出等量醋飯的密技

使用磅秤來抓出醋飯份量是正統作法，但此處介紹目測抓量的密技。
附有尺規的砧板可以製作出近似的正確份量，即便沒有尺規，目測也是OK的。

100g醋飯的大略標準是半碗飯左右的份量，或是200ml量杯裝一半的份量。

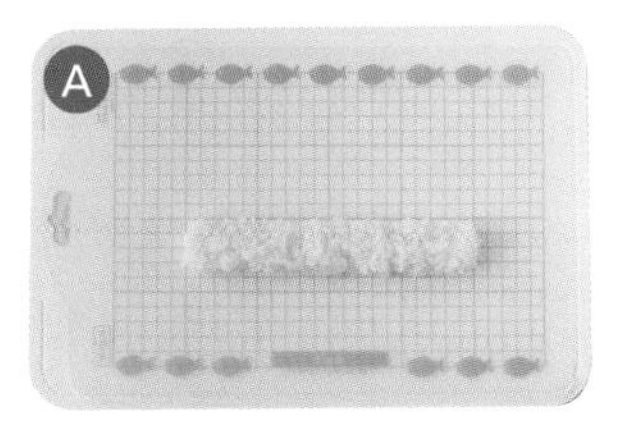

將100g醋飯捏成20cm長的棒狀，以此做為基準份量。

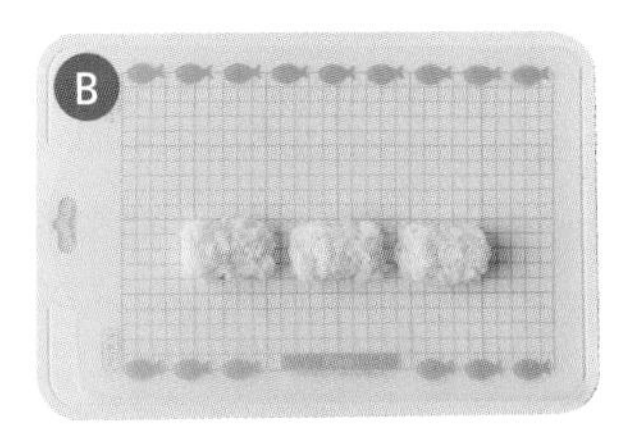

將基準份量A分成3等份，如此一來每個約30g多一些。

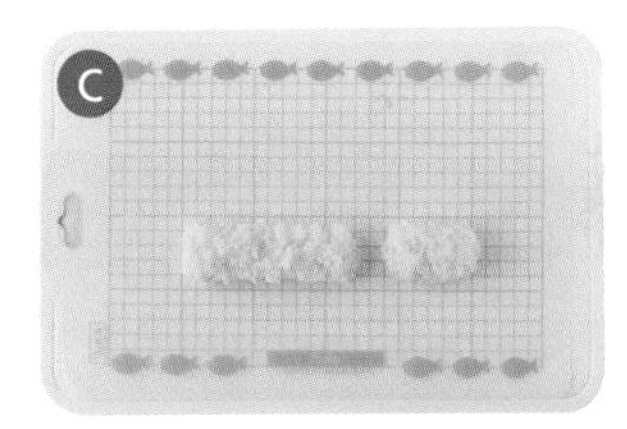

將基準份量A分成2/3和1/3等份，如此一來約70g和30g。

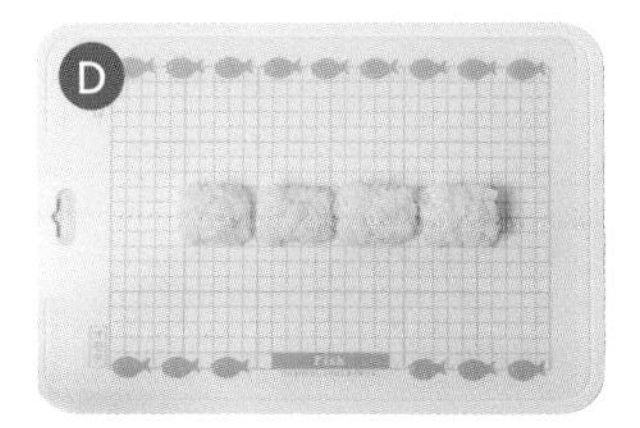

將基準份量A分成4等份，如此一來每個約25g。

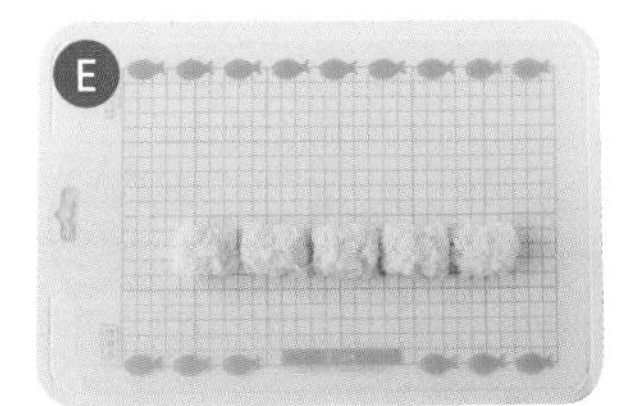

將基準份量A分成5等份，如此一來每個約20g。

NOTE

以大人手指衡量放置醋飯的份量

●2cm：約姆指寬度 ●3cm：約2隻手指寬度（食指加中指） ●5cm：約3隻手指寬度（食指、中指加無名指）

不同顏色醋飯的製作方法

在白色醋飯中混入帶有顏色的食材，製作出各種顏色的醋飯。

製作彩色醋飯時，戴上免洗手套，就能乾淨地用手揉捏混合。

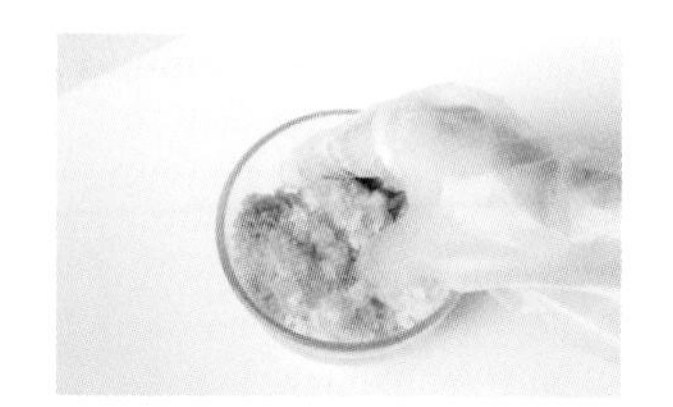

揉捏混合時，要記住別捏碎米粒。

NOTE

以下混合比例皆是針對100g醋飯，100g醋飯約等於150g生米煮成米飯的1/3份量。

綠色

100g醋飯：青海苔粉2小匙

註：加入極少量美乃滋和青海苔粉一起均勻混合，風味更佳。

粉紅色

100g醋飯：櫻花素1大匙

註：建議可以湯匙或飯匙來混合。

黃色

100g醋飯：蛋絲切末2大匙。

黑色系

100g醋飯：黑芝麻2大匙
100g醋飯：黑芝麻1大匙

棕色系

❶100g醋飯：鰹魚香鬆1大匙
❷100g醋飯：柴魚粉1大匙
❸100g醋飯：雞肉鬆1大匙
❹100g醋飯：蒲燒鯛魚香鬆1/2小匙

註：建議可以湯匙或飯匙來混合。

紅、橘色系

❶100g醋飯：海鮮香鬆1大匙
❷100g醋飯：鮭魚香鬆1大匙
❸100g醋飯：明太子1大匙

註：建議可以湯匙或飯匙來混合。

❹100g醋飯：飛魚卵1大匙

註：建議可以湯匙或飯匙來混合。

❺100g醋飯：醃梅1大匙

註：建議可以湯匙或飯匙來混合。

紫色

100g醋飯：紫蘇香鬆1大匙

淺棕色

100g醋飯：白芝麻1大匙

NOTE

本書計量原則
一大匙=15ml、約15g
一小匙=5ml、約5g
克數會因為配料或調味料量而有誤差。

製作造型壽司捲的重點

海苔的處理技巧

裁切海苔

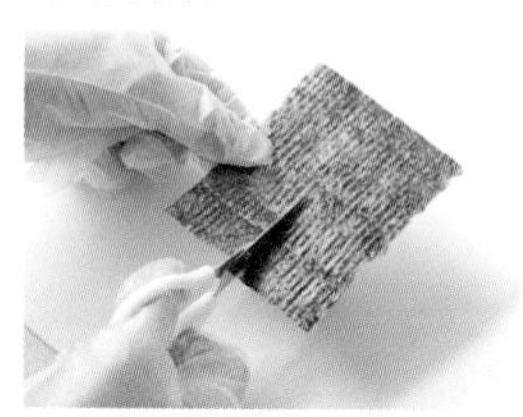

1 製作臉部圖案時，先使用料理剪刀將海苔裁切成欲使用的尺寸，較為方便。

2 以菜刀裁切海苔時，要將刀刃部位整個壓在海苔上用力切下去。

黏接海苔

捲製大型圖案時，需要半張以上的長度，此時就需要將海苔黏接起來。

1 將捏碎的醋飯塗在海苔一邊，做為黏著之用。

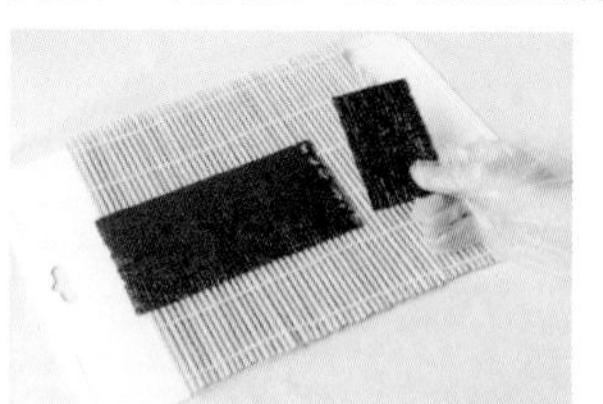

2 將準備黏接的海苔放到原本海苔之上，彼此重疊約1公分寬左右。

3 從上方輕壓，即可完成。

壽司竹簾的使用技巧

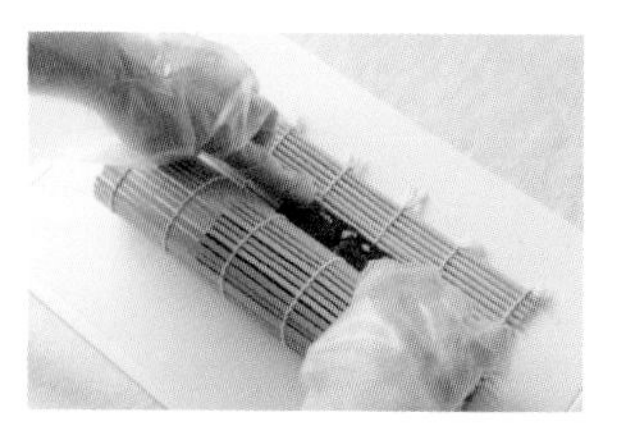

1 一次捲製一捲，讓海苔黏住並包覆醋飯。

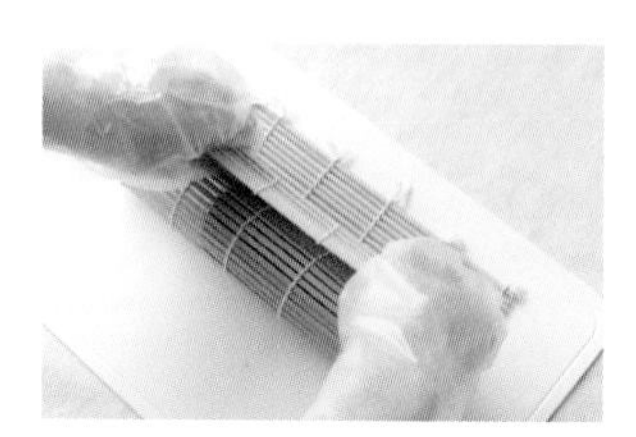

2 拿起壽司竹簾，前後滾動一下。

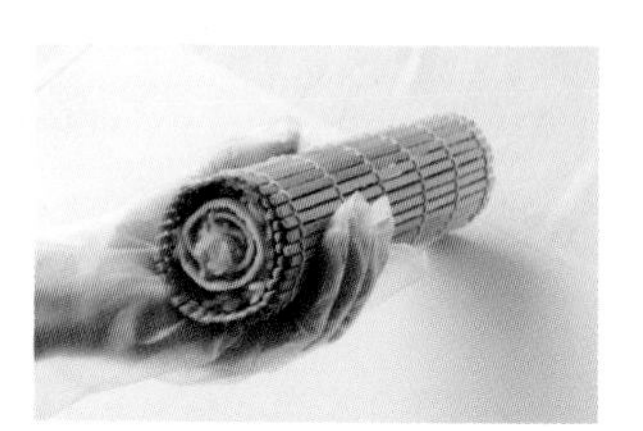

3 調整壽司竹簾的形狀。

製作壽司捲各部位的技巧

細小圓形的部位

捲起後，讓壽司細捲在壽司竹簾中上下移動，調整出漂亮的形狀。

捲製時的平衡感

組合壽司捲的同時，需要仔細檢查各部位前端與後端的位置。

捲製細小的造型組件

事先以手指沾水弄濕整片海苔，捲製時會比較容易。

讓醋飯分佈到整個海苔上

將醋飯放置到2～3個位置，就能均勻地平鋪展開。

捲製大型圖案

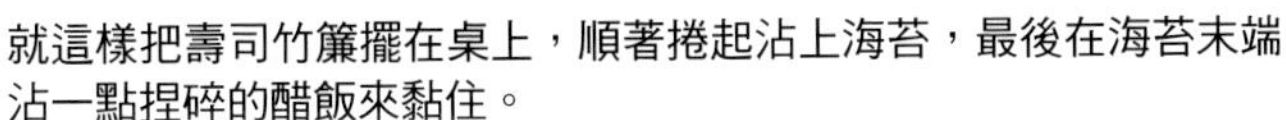

就這樣把壽司竹簾擺在桌上，順著捲起沾上海苔，最後在海苔末端沾一點捏碎的醋飯來黏住。

捲製壽司的技巧

只要學會圓形、三角形和橢圓形，就能製作圖案的基本部位。

圓形　三角形

1 將醋飯捏成棒狀，置於海苔前端。

2 以中指指尖輕壓醋飯，壽司竹簾前端朝上往前捲。

3 繼續將壽司竹簾往前捲。

4 以手指指尖沾水沾濕對側另一端的海苔，並黏上醋飯，再整個往前轉動捲起。

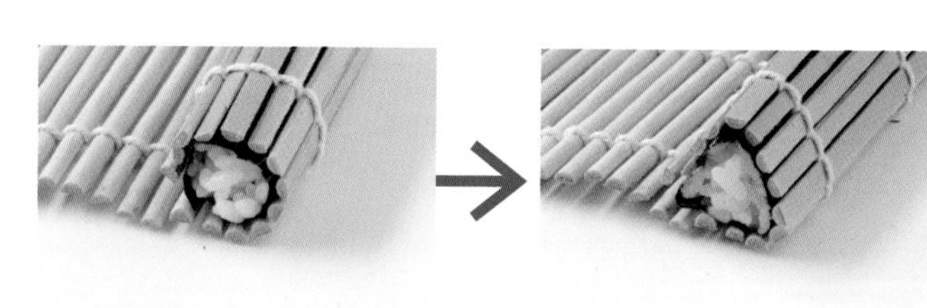

5 這樣就完成圓形的基本部位了。

6 隔著壽司竹簾將圓形壓整一下，就會變成三角形。

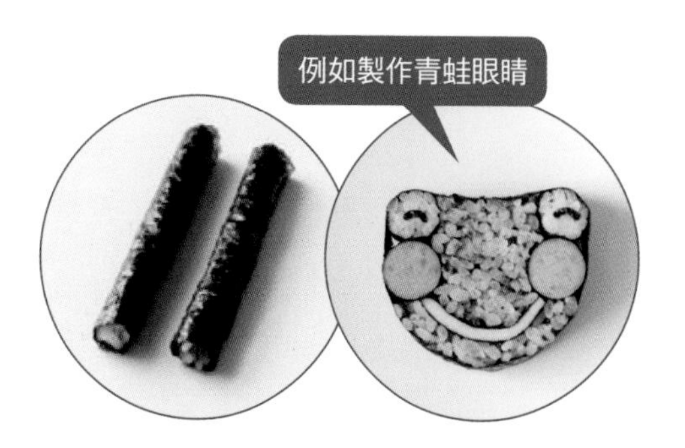

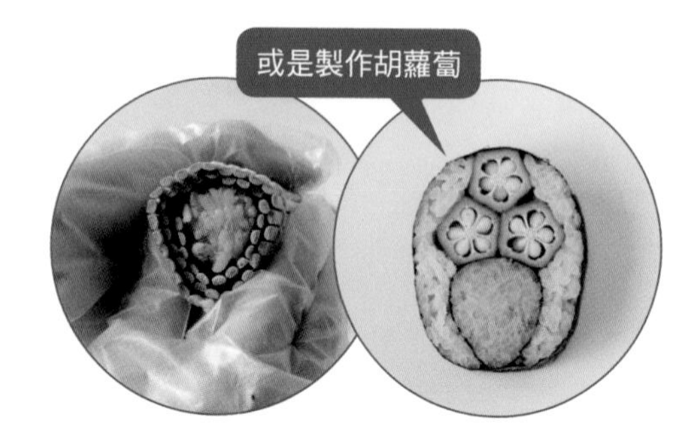

橢圓形

1 將醋飯壓扁，置於海苔前端。

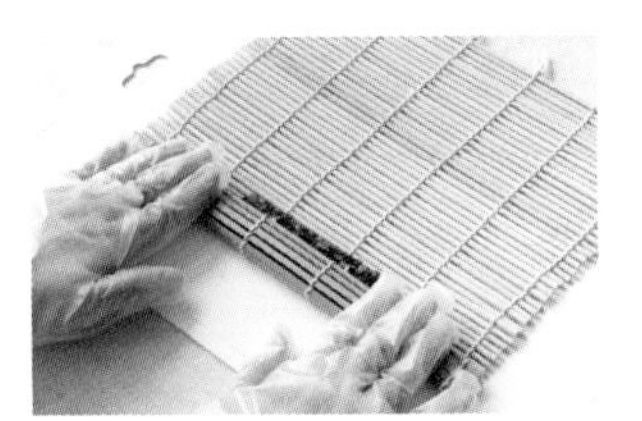

2 以手指指尖沾水沾濕對側另一端的海苔，並黏上醋飯，再整個往前折一下壓過去。

3 隔著壽司竹簾調整成橢圓形的形狀。

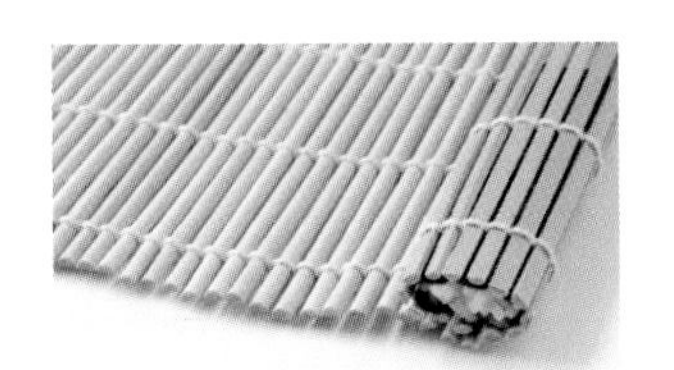

例如製作小狗耳朵

切片的技巧

重覆底下步驟1～3（沾水→切片→擦拭），就能將不同造型的壽司捲順利切片完成。

1 菜刀沾水。

2 在菜刀上附著少許水量的狀態下切片。

3 使用溼抹布擦拭弄髒的菜刀。

進階的切片技巧

先將造型壽司捲大略分成四等份，並切出一個小口，最後再切開即可完成。

PART 1

\ 4歲小孩也會做！/

可愛圖案與花朵壽司捲

本章介紹的壽司捲，步驟很簡單，就算4歲小孩也會做喔！這些壽司捲擁有當季花卉和可愛外型，很適合放在野餐或出遊時的便當裡。

梅花

難易度＝★★★

使用細捲做為小花瓣並組合起來，再捲起均等大小的花瓣即可完成。製作時可以改變醋飯的顏色，例如花蕊部分以起司魚板條替代，就可以有更多變化的樂趣。

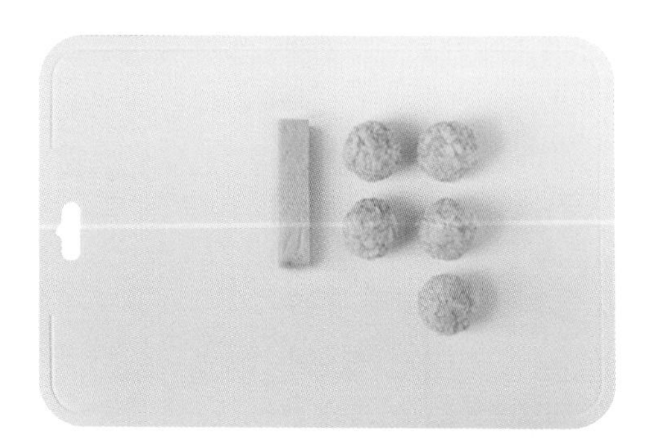

材料

- 醋飯（粉紅色）125g …… 分成25g×5份
  （海鮮香鬆 2～3 大匙混合 100g 醋飯，或櫻花素 1 大匙混合 125g 醋飯）
- 玉子燒 …… 1.5cm×1.5cm×10cm

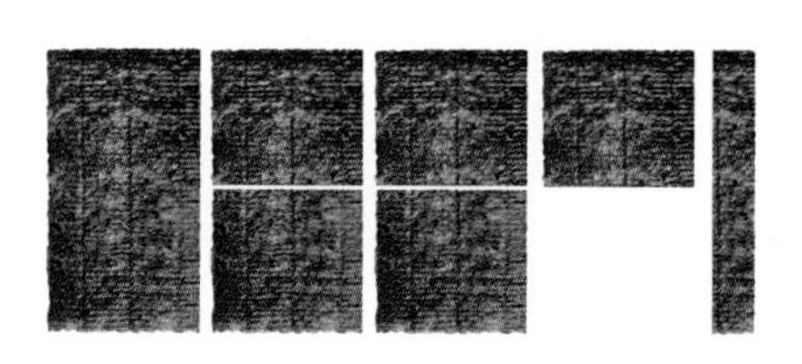

海苔

- 半張 …… 1片
- 1/2張（橫切）…… 5片
- 1/4張（縱切）…… 1片（捆綁用）

製作花蕊

1 將玉子燒的四個角切掉少許。

製作花瓣

2 將25g粉紅色醋飯捏成棒狀，置於海苔（1/2張橫切）前端。
（註：1/2張橫切約為9cm×10cm，10cm是指橫向要捲起的部分。）

3 以指尖輕壓醋飯，壽司竹簾前端朝上往前捲。

NOTE

捲的時候如果海苔末端總是有黏不住的情況，可以拿幾顆醋飯，利用醋飯的黏性當黏著工具，就能成功黏住喔！

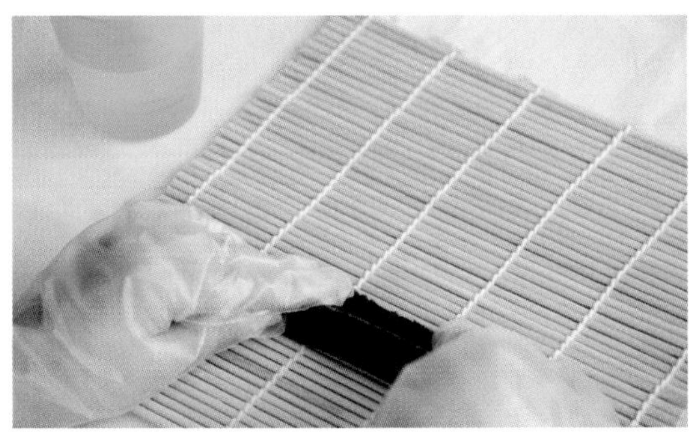

4 沾少許水來沾濕對側另一端的海苔，轉動到最後並捲起（共製作五個）。

Point 把海苔末端朝下輕壓數秒，讓海苔可以確實緊貼。

組合花朵

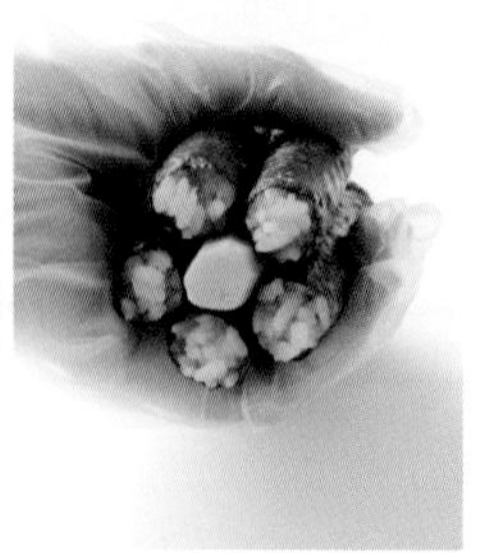

5 將玉子燒置於中心，放上步驟4做好的花瓣，擺成花朵的形狀。

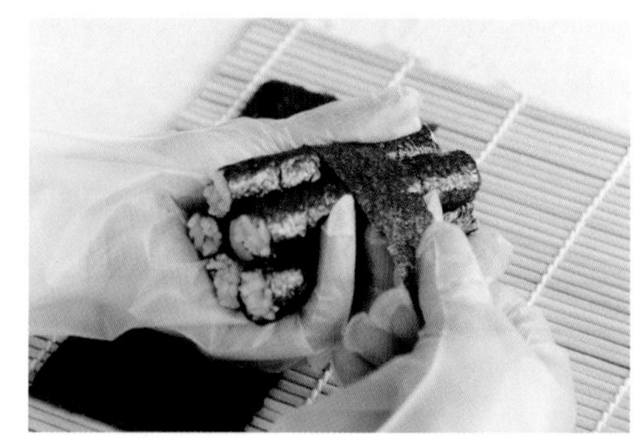

6 使用捆綁用的海苔（1/4張縱切）加以固定。

7 捲製完成後，捆綁用的海苔一樣需要在末端沾少許水，加以固定。

捲起整體

8 將半張海苔橫放，前方要能看到花朵圖案。

9 順著捲起後，在海苔末端沾一點捏碎的醋飯來黏住。

只用水的黏著性會比較弱，所以最外圈捲製完成時，需要使用捏碎的醋飯來黏住，黏性會比較好。

10 轉動到最後即完成，再以壽司竹簾調整外形。

11 菜刀沾水後切片，切片時一開始要用鋸的，切到深處時則以邊移動邊往外切開的方式。

NOTE

拿刀子切壽司捲，如果切太薄的話壽司捲會很容易散掉，建議先劃出要切的等份，先各切出一刀做記號，再將菜刀沾水用鋸的方式，一邊往前後切開。

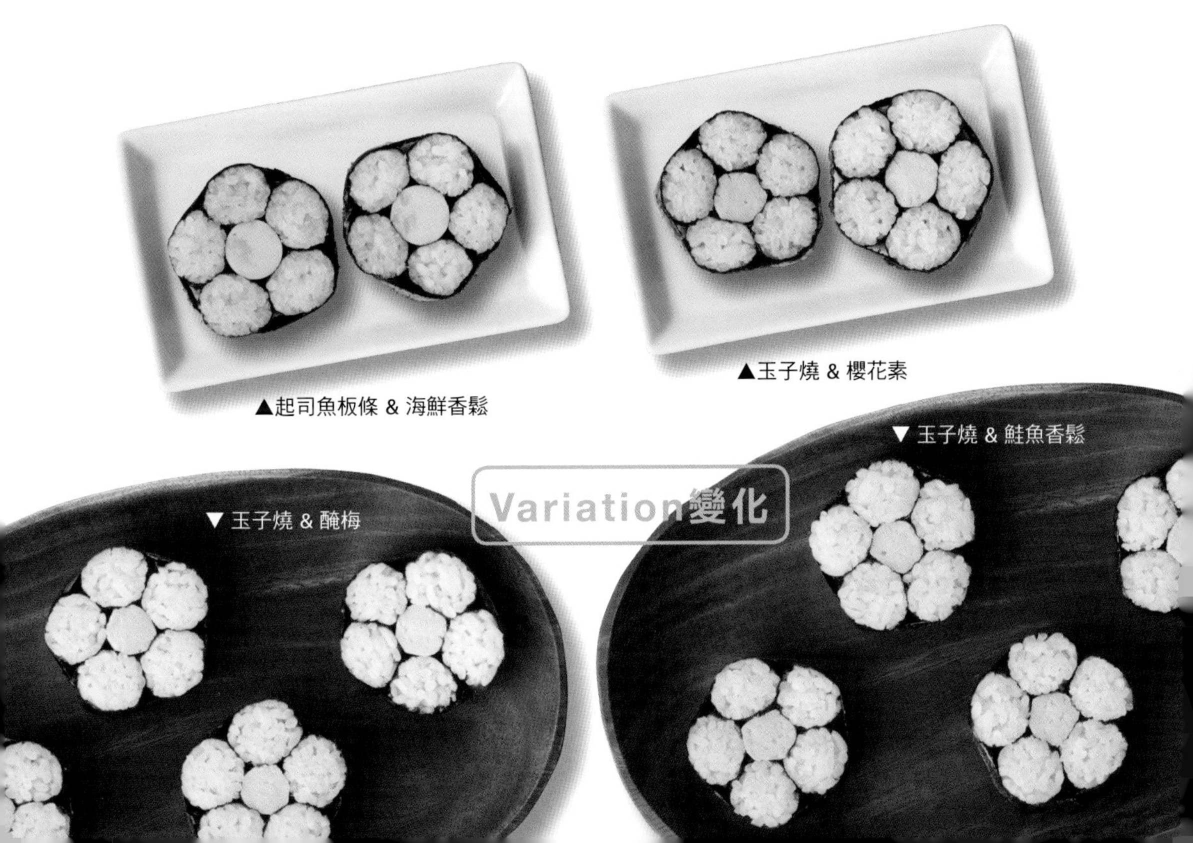

玫瑰花

難易度＝★★★

只要將醋飯與食材捲一捲就能完成，步驟非常簡單！此處介紹的食譜是採用紅薑，也可以使用蟹肉棒或煙燻鮭魚等孩子喜歡的食材喔！

海苔
- 半張 …… 1片

材料
- 醋飯（白色）70g …… 分成50g和20g
- 醋飯（粉紅色）40g …… 分成6等份

（海鮮香鬆 1 大匙混合 30g 醋飯，或櫻花素 1/2 小匙混合 40g 醋飯）
- 紅薑 …… 1大匙
- 包餡食材 …… 取長度10cm約3～5條

本書用了野澤菜漬物，也可以水煮菠菜或小黃瓜細條來替代。（註：可使用廚房紙巾來去除漬物和水煮菠菜的水份）。
- 薄片玉子燒 …… 10cm×20cm

製作花朵

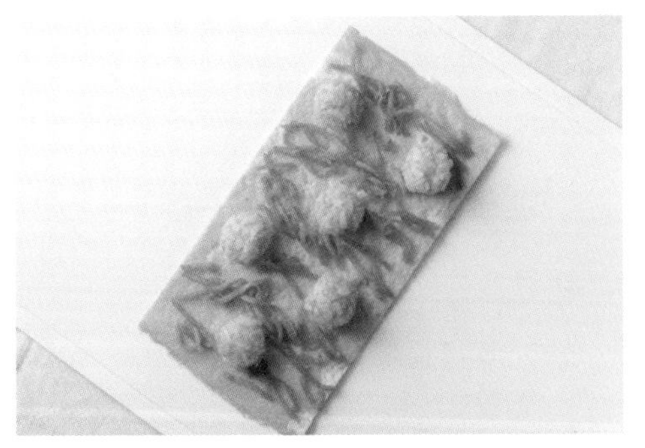

1 在薄片玉子燒上交錯放置粉紅色醋飯，並將紅薑散落在間隙中。

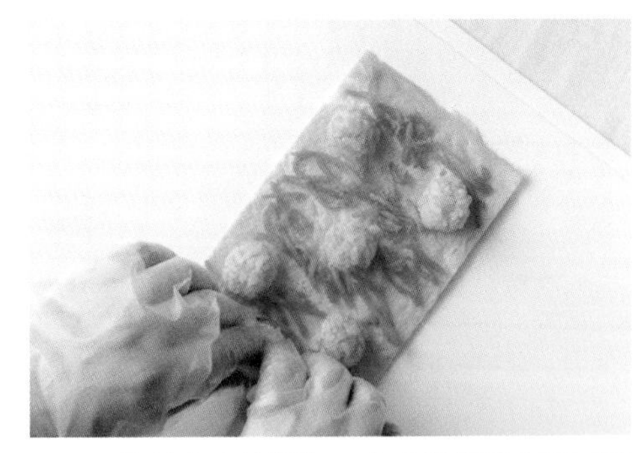

2 往前牢牢地捲起，此時即使醋飯被壓碎也沒關係，就捲起來吧！

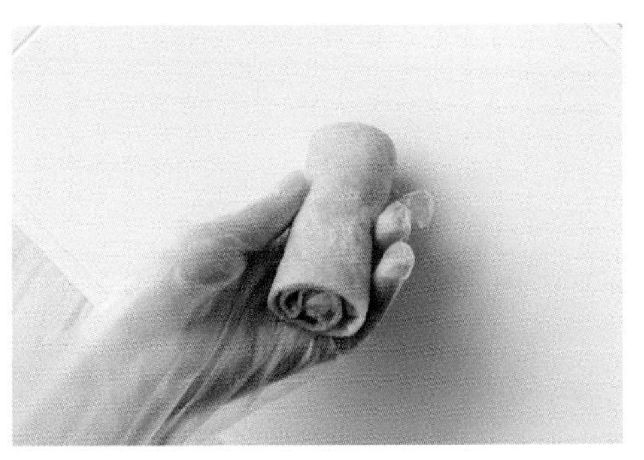

3 這樣就完成玫瑰花造型的壽司捲了，要記住捲好的末端要朝下放置喔！

NOTE

海鮮香鬆、櫻花素是用來製作粉紅色醋飯的好幫手，櫻花素比較偏粉紅色、海鮮香鬆較偏紅色，所以在混合成醋飯時比例會不一樣，實際在製作時可以自行試試看調配的比例喔！

組合整體

4 將壽司竹簾轉90度，海苔橫擺於在上面，再把包餡食材分別放於兩處，正中央則放置玫瑰花朵。

5 捲成圓形後，把剩下的白色醋飯平鋪在上面。

6 覆蓋另一張海苔，這張海苔末端也沾一點捏碎的醋飯來黏住，讓上下海苔重疊閉合。

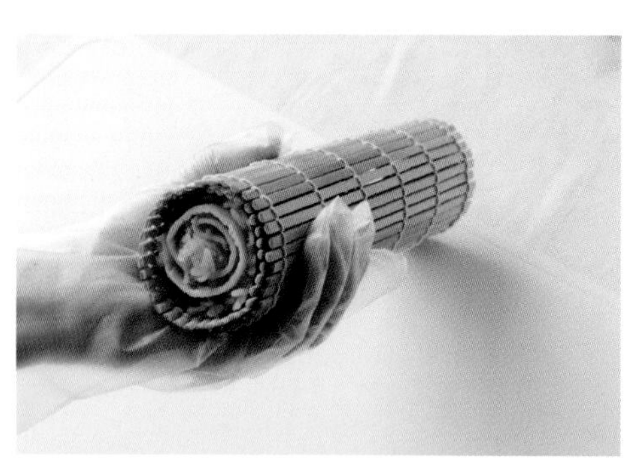

7 隔著壽司竹簾調整成圓形。

8 切成四等份，即可完成。

Q&A 造型壽司捲製作疑難破解

Q1 可以不使用醋飯而使用普通白飯來製作嗎？

A：可以。但若是飯沒有加醋就會很容易乾掉，建議製作時用保鮮膜包覆可防止乾燥。除此之外，若是加入少許鹽巴就能變得更美味，但若材料裡已經有使用像是鮭魚香鬆等本身含有鹽份的食材，就不需要再額外添加鹽巴。

Q2 海苔常常剩下很多怎麼辦？

A：使用整張海苔對切後的半張海苔尺寸時，醋飯最好平鋪到海苔另一側約3cm為止（2隻手指的寬度），再將食材置於其上。

優彩（4歲）與彩乃（1歲），姐妹的親子壽司大挑戰！

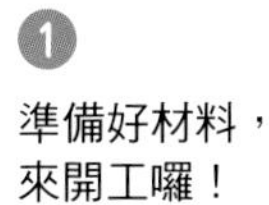

1 準備好材料，來開工囉！

2 撥開蟹肉棒的工作十分簡單！

3 彩乃妹妹也來幫忙。

4 媽媽也可以稍微幫忙。

5 玫瑰花完成囉！

6 最後將醋飯平鋪到海苔上。

7 捲得很厲害喔！

8 慢慢地切開，以避免圖案形狀歪掉。

9 完成！

鬱金香

難易度＝★★★

使用蟹肉棒和小黃瓜，就能製作出可愛的鬱金香！爽口美味的滋味，是野餐便當裡不可或缺的必備品喔！

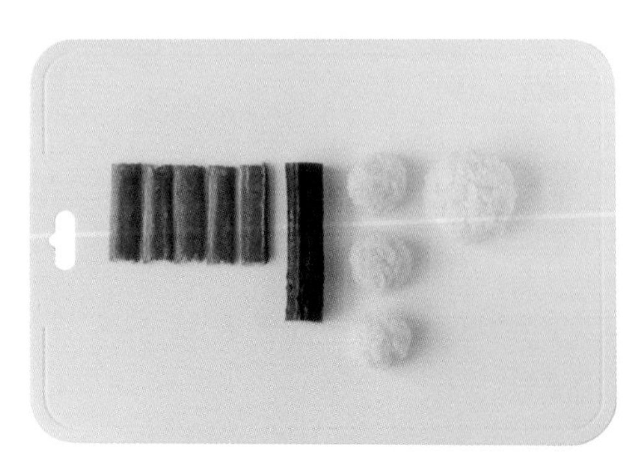

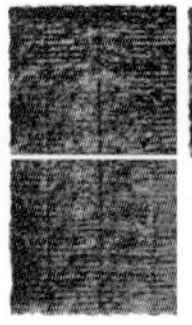

材料

- 醋飯（白色）…… 120g（分成60g×1份和20g×3份）
- 小黃瓜 …… 10cm
- 蟹肉棒 …… 10cm×3條

（註：蟹肉棒需要修剪成統一尺寸。）

海苔

- 半張 …… 1片
- 1/2張 …… 3片

製作葉子

1 直接將小黃瓜縱切成兩半，由於不能讓最外側的海苔互相重疊，所以取中心部位即可。

2 將切開的小黃瓜放置於1/2張海苔正中央，如圖般將海苔包住小黃瓜。包覆時沾少許水，來沾濕海苔末端並相互黏起來。

3 依上述步驟製作2條。

製作花朵

4 將3條蟹肉棒併排，放置於1/2張海苔正中央並包起來，讓海苔末端維持立起來的狀態。

NOTE

鬱金香的製作難度稍微高一些，建議媽媽協助孩子一起製作，製作出來會很有成就感喔！平常不敢吃小黃瓜的孩子，因為是自己手作的壽司捲，會一口接一口吃光光唷！

組合整體

5 將壽司竹簾轉90度，半張海苔橫擺於其上。60g白色醋飯平鋪其上，但保留兩端各3cm的空白處，將步驟4包有蟹肉棒的細捲放置在正中央。

6 在包有蟹肉棒的細捲兩側將海苔直立朝上，分別鋪上20g白色醋飯（用掉2份）。

7 以醋飯黏住的海苔正中央，放上小黃瓜細捲（當葉子），平的那一側朝下，擺成「八」字形的模樣。

8 單手捲成圓形並拿著。

9 把最後一份20g白色醋飯平鋪在上面。

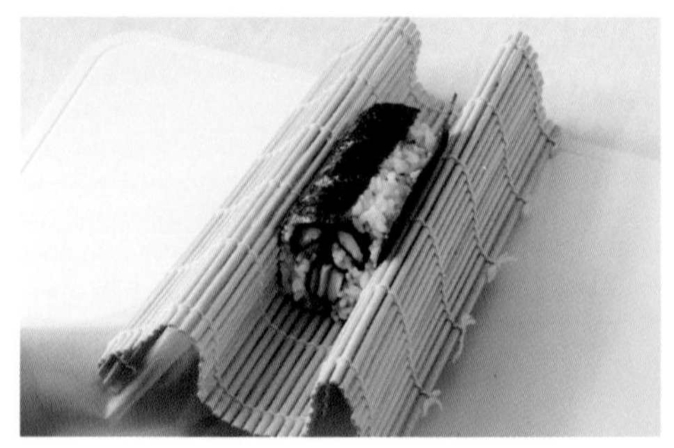

10 順著捲起黏上海苔。

11 隔著壽司竹簾調整外形。

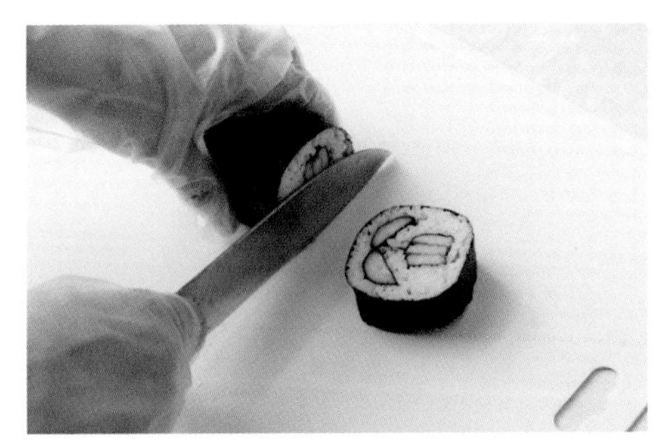

12 切成四等份，即可完成。

蝴蝶結

難易度＝★★★

使用魚板做為蝴蝶結的形狀，而周圍醋飯的顏色隨你喜好而定，可以混入黑芝麻變成黑色系醋飯，或是混入鮭魚香鬆做成橘色系醋飯，不論什麼材料，都很可愛又美味喔！

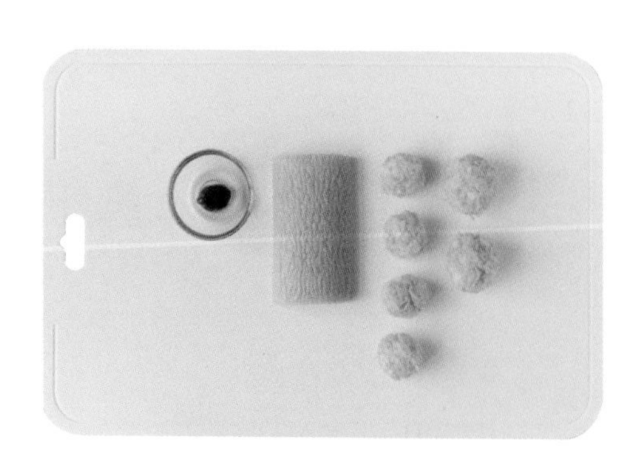

材料

- 醋飯（黃色）⋯⋯ 80g
  （蛋絲切末 3 大匙混合 60g 醋飯：分成 20g×2 份和 10g ×4 份）
- 魚板 ⋯⋯ 1條（長度約10cm）
- 醃梅 ⋯⋯ 少許

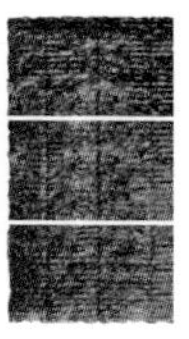

海苔

- 半張 ⋯⋯ 1片
- 1/3張 ⋯⋯ 4片
- 寬度1cm ⋯⋯ 2片

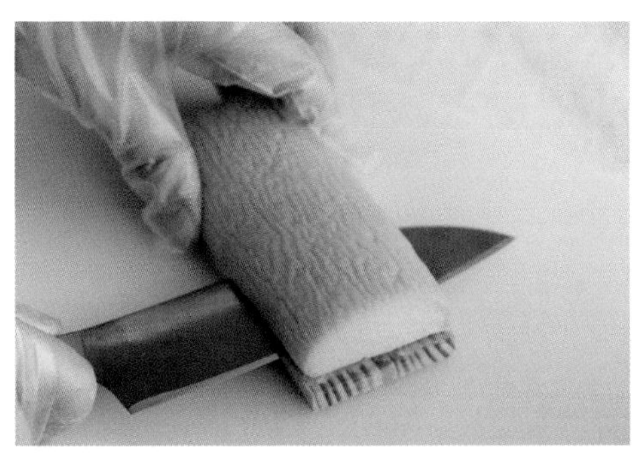

1 以菜刀刀背橫切入砧板和魚板之間，捨棄底部的薄片狀魚板。

2 將魚板縱切成三等份。

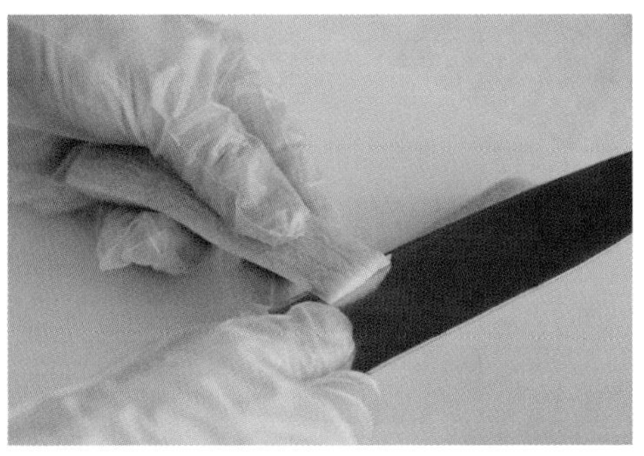

3 左右側兩等份的魚板（剖面為扇形），將圓弧狀部分薄切一片下來，讓剖面變成三角形。

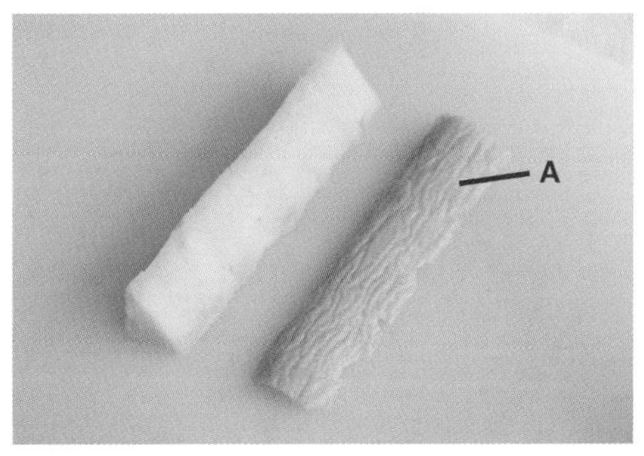

4 步驟3中切好的要做為蝴蝶結的下半部，而將圓弧狀部分薄切一片下來的稱為A。

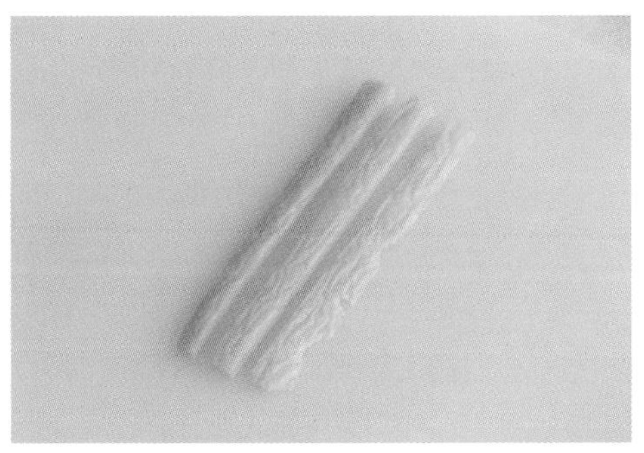

5 將A縱切成三等份，這三等份的中央要做為蝴蝶結的打結部位，左右側則不使用。

6 步驟2中，縱切成三等份的中央部份，則沿剖面的對角線縱切成兩個三角條狀，做成蝴蝶結的上半部。

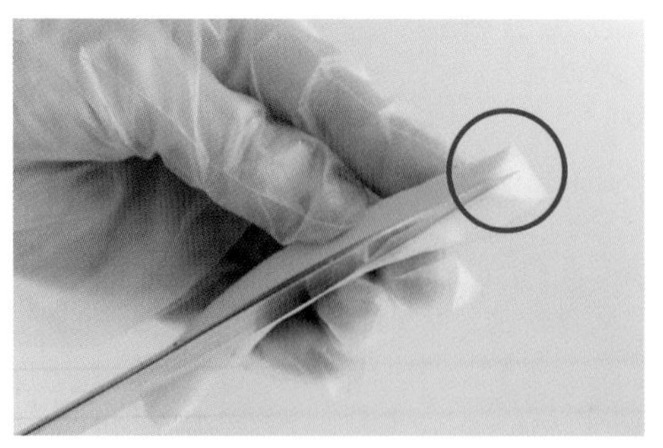

7 步驟6中切好的三角條狀，在其中一個尖角處，稍微往內切入一刀（如圖）。

這裡要稍微將尖角的部分切掉。

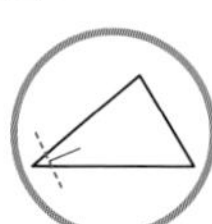

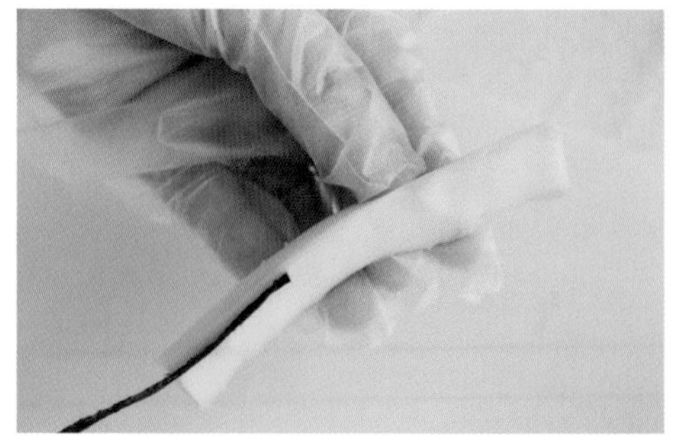

8 將寬度1cm的海苔插入剛剛切入一刀的縫隙中。（註：如果海苔難以插入魚板中，可以往內切到魚板的一半深度。）

9 蝴蝶結上半部的皺褶製作完成了，一共要做兩條。

10 將步驟3、步驟9中做好的蝴蝶結上半部和蝴蝶結下半部，分別用1/3張海苔捲起來。

11 將壽司竹簾轉90度，半張海苔橫擺於其上，並將20g黃色醋飯鋪在正中央，整形成邊長3cm的三角形。

12 在醋飯兩側放置蝴蝶結下半部，大致上是兩個反放的等邊三角形，而打結部位（A）則放在兩者之間。

13 兩條蝴蝶結上半部是皺褶部分朝內，夾住打結部位，並且放置在蝴蝶結下半部之上。

14 在打結部位上面，放少許醃梅。

15 在兩條蝴蝶結下半部的左右側與海苔之間的間隙，分別放入10g黃色醋飯（用掉2份）。

16 兩條蝴蝶結上半部的左右側（目視凹陷處），也分別放入10g黃色醋飯（用掉2份），上端凹陷處則放入20g黃色醋飯。最後再將整個壽司捲整形成半圓形。

17 順著捲起並將海苔黏好。

18 切成四等份，即可完成。

愛心

難易度＝★★★

使用玉子燒做成心型的簡單設計，把愛心牢牢地捆住～請使用喜歡的食材散佈在醋飯之間吧！

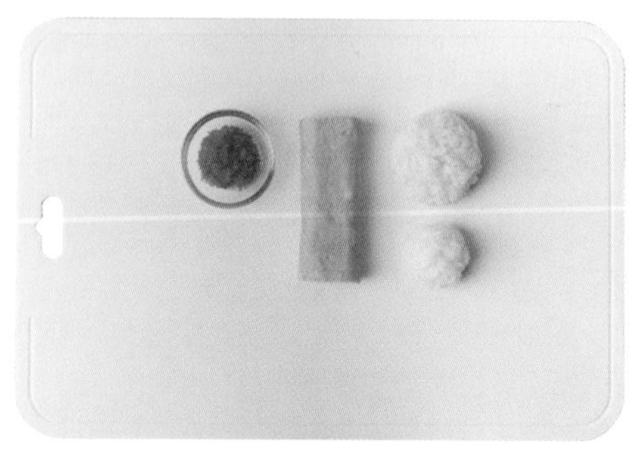

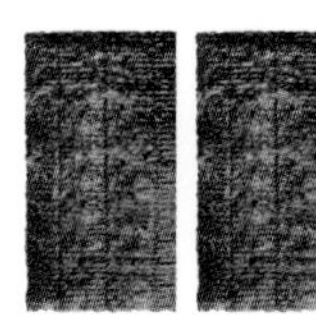

材料

- 醋飯（白色）…… 80g（分成60g和20g）
- 玉子燒 …… 1cm×4cm×10cm
- 飛魚卵 …… 1大匙（也可以依喜好調整，例如改用海鮮香鬆或鮭魚香鬆）

海苔

- 半張 …… 2片

製作愛心

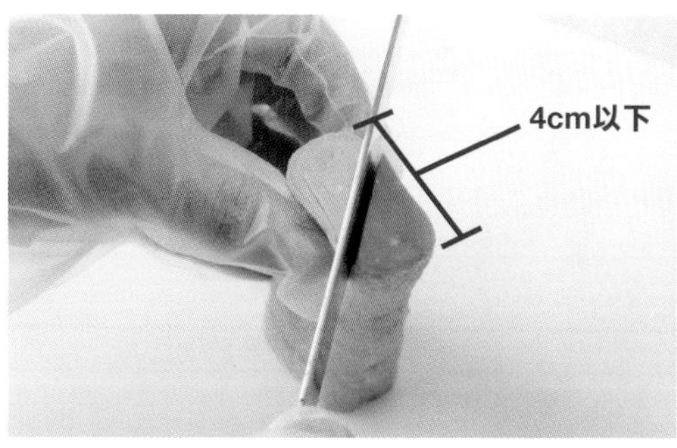

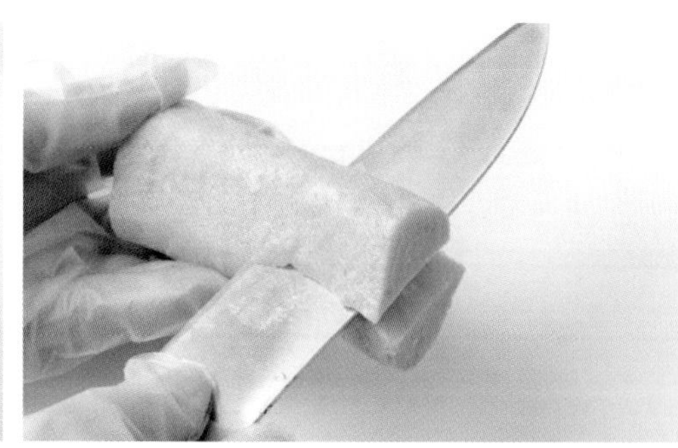

1 用菜刀將玉子燒約略沿剖面的對角線縱切成兩等份。玉子燒寬度要在4cm以下，才能把圓形變身成愛心形。

Point 製作出黃色玉子燒的技巧：瓦斯爐開小火至中火，拿筷子像在畫「一」一般，橫向地左右移動來混合蛋液。

2 將其中一片切開的玉子燒轉向，再把兩片玉子燒的切口合起來，就會變成愛心形。

3 取1片半張海苔，沿海苔邊緣處包起一片切開的玉子燒。

4 另一片切開的玉子燒則直接放置在包好的玉子燒上。

5 繼續牢牢地捲成愛心形。

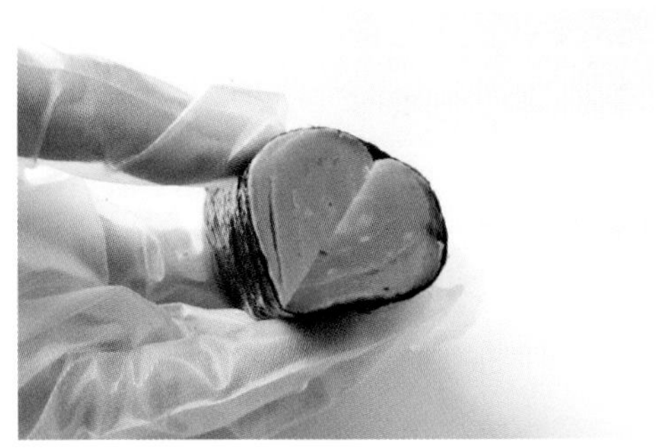

6 沾少許水沾濕海苔邊緣，轉動到最後並捲起。

組合整體

7 將壽司竹簾轉90度，半張海苔橫擺於其上，然後將60g白色醋飯平鋪其上，但保留兩端各3cm的空白處，上方則約略放少許飛魚卵。

8 將愛心的尖端放置在正中央。

9 單手捲成圓形並拿著。

10 把20g白色醋飯平鋪在上面。

11 順著捲起黏上海苔。

12 隔著壽司竹簾調整外形。

13 切成四等份，即可完成。

壽司
五彩捲

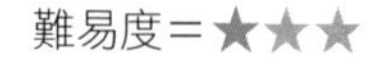

難易度＝★★★

步驟簡單又能讓餐桌增添華麗色彩，紫蘇葉和煙燻鮭魚的搭配很有萬聖節或聖誕節的風情，請隨自己的喜好或孩子喜歡的口味來變換食材，做成五彩醋飯吧！

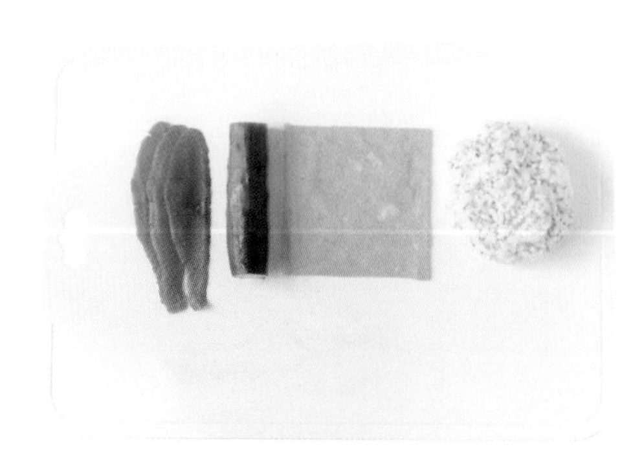

材料

- 醋飯（白色）…… 150g（混入白芝麻1/2大匙）
- 薄片玉子燒 …… 10cm×10cm
- 小黃瓜 …… 10cm
- 煙燻鮭魚 …… 2～3片

海苔

- 整張 …… 1片

製作壽司捲

1 將整張海苔不裁切直接置於壽司竹簾上，並於海苔上面鋪一層保鮮膜，然後將醋飯鋪滿整張海苔，上面再鋪一層保鮮膜。

2 單手壓在醋飯上，另一隻手放在壽司竹簾下。

3 將壽司竹簾、海苔與醋飯整個翻面，並將保鮮膜置於壽司竹簾上（如圖）。

4 讓壽司竹簾的邊緣與海苔的邊緣互相對齊，往內（往前）折1cm左右。

5 把保鮮膜撕掉，不要和醋飯黏在一起。之後捲壽司的時候，要記得別把保鮮膜捲起去囉！

6 隔著壽司竹簾一邊壓一邊捲，但不要把保鮮膜捲入壽司捲中。

7 讓保鮮膜從外圍包住整個壽司捲，隔著壽司竹簾調整外形。

NOTE

台灣和日本在製作壽司捲的時候有些習慣不同，例如台灣有些店家在捲製時可能會將保鮮膜留在裡面，要吃的時候再撕掉。不過日本壽司捲大師在本書裡教的捲法，都是在捲製後要將保鮮膜撕掉唷！

製作五彩部分

8 將薄片玉子燒斜切（如圖）。

9 使用削皮器將小黃瓜切成薄片。

10 撕掉保鮮膜，將薄片玉子燒、小黃瓜薄片、煙燻鮭魚斜斜地併排，以增添色彩。

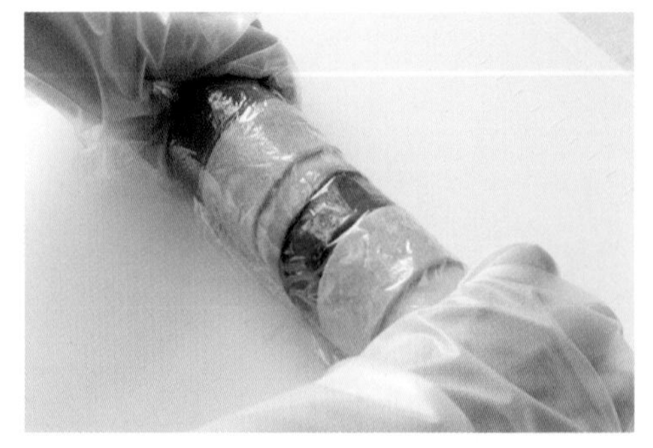

11 再次使用保鮮膜包覆住整個壽司捲。

12 隔著壽司竹簾再次調整外形。

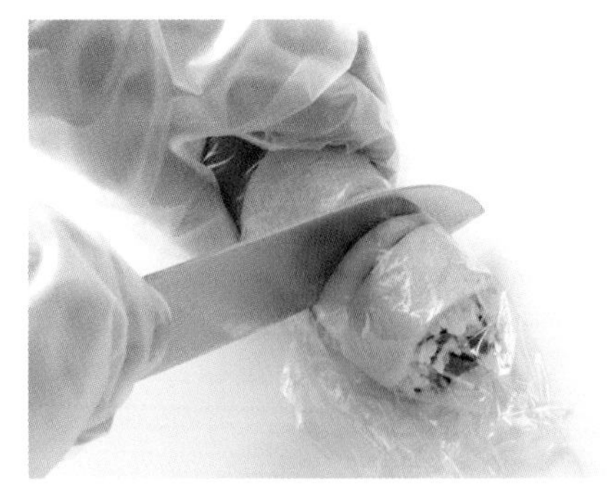

13 隔著保鮮膜切成五等份。

14 撕掉保鮮膜，即可完成。

如果包裝成像糖果一樣，就能變成招待客人的菜色。

甚至也很推薦使用生火腿+小黃瓜、煙燻鮭魚+紫蘇葉或酪梨薄片的搭配組合，請使用小孩喜歡的食材來製作吧！

彩虹

難易度＝★★★

只要放上青菜或起司等喜愛的食材，再稍微調整一下就是彩虹壽司捲了，放入孩子喜歡的食材來製作吧！

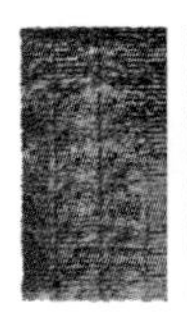

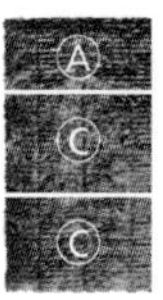

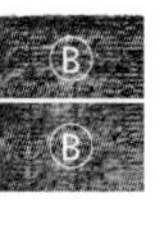

材料

- 醋飯（白色）…… 100g（分成70g和30g）
- 煙燻鮭魚 …… 3～6片
- 切片起司 …… 1片（6cm×10cm）
- 薄片玉子燒 …… 1片（6cm×10cm）
- 紫蘇葉 …… 3～4片
- 生菜沙拉用的生菜 …… 2片

海苔

- 半張 …… 1片
- 寬度5cm（A）…… 1片
- 寬度6cm（B）…… 2片（大約與1/3張海苔的尺寸相同）
- 寬度7cm（C）…… 2片

製作彩虹捲

1 平放海苔（A）。

2 在海苔（A）上鋪上生菜，盡量不要超出海苔邊緣。

3 再鋪上紫蘇葉。

4 鋪上海苔（B）。

5 在海苔（B）上鋪裁切成6cm×10cm的切片起司。

6 鋪上海苔（B）。

7 接著鋪上薄片玉子燒。

8 鋪上海苔（C）。

9 在海苔（C）上鋪滿煙燻鮭魚。

10 再鋪上海苔（C），將30g白色醋飯平鋪其上。

組合整體

11 將壽司竹簾轉90度，半張海苔橫擺於其上。

12 將70g白色醋飯捏成棒狀，置於半張海苔正中央，再整形成扇形。這個醋飯底部寬度約4cm。

13 沿著醋飯扇形圓弧線，把彩虹捲的部分蓋上去。

14 順著圓弧線捲起並黏上海苔。

15 隔著壽司竹簾調整成扇形。

16 切成四等份，即可完成。

可愛的彩虹壽司捲完成了！

PART 2

適合7歲以上的孩子製作！

可愛動物系列

本章介紹的壽司捲，適合7歲以上的小孩及大人，遇到較難的步驟時大人可以協助一下孩子，親子同樂便能很順利地製作完成喔！

小熊

難易度＝★★★

這是超受歡迎的便當菜色！製作重點是要有眼睛和嘴巴，最後牢牢地捲起就能完成，是造型壽司捲初學者也很少失敗的簡單造型喔！

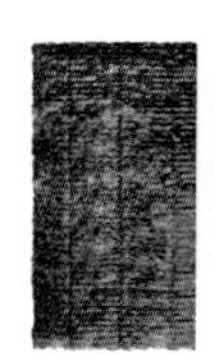

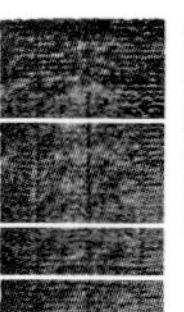

材料

- 醋飯（白色）…… 60g
- 醋飯（棕色）…… 140g（鰹魚香鬆1大匙混合140g醋飯）、分成60g×1份、20g×3份、10g×2份
- 醃製山牛蒡 …… 10cm（也可以使用尖角部分已削圓的燉胡蘿蔔）
- 切片起司 …… 10cm×2片

海苔

- 半張 …… 1片
- 1/3張 …… 2片
- 1/6張 …… 2片
- 2/3張 …… 1片

製作眼睛

1 用1/3張的海苔捲起切片起司，一共做兩條。

製作鼻子

2 壽司竹簾平放，與2/3張海苔邊緣對齊，前端放上醃製山牛蒡。

製作嘴巴（白色區域）

3 在醃製山牛蒡上擺放捏成棒狀的60g白色醋飯，捲起後再調整成圓形（剖面）。

NOTE

醃製山牛蒡可以用來當成小熊的鼻子，也可以拿燉好的燉蘿蔔（尖角處削圓）來代替。

製作臉部

4 將壽司竹簾轉90度，半張海苔橫擺於其上，在正中央將60g棕色醋飯平鋪成6cm的寬度（大人手指約4指）。然後將步驟1做好的兩條眼睛細捲放在醋飯的兩端，兩條眼睛之間再填入20g棕色醋飯。

5 拿起步驟3做好的嘴巴白色區域細捲，將醃製山牛蒡的一端轉到正下方，置於組合到一半的壽司捲正中央。從雙眼到嘴巴部分的左右兩側，則各自用20g棕色醋飯填滿。

6 單手捲成圓形並拿好，順著捲起並黏上海苔後，隔著壽司竹簾調整外形。

製作耳朵

7 將10g棕色醋飯捏成10cm長的棒狀，一共做兩條。

8 使用1/6張海苔從上面包住，接著切成四等份。

組合整體

9 將臉部壽司捲切成四等份。

10 把耳朵部位黏到臉上。

11 使用海苔模具或剪刀，製作眼珠和嘴巴表情，即可完成。

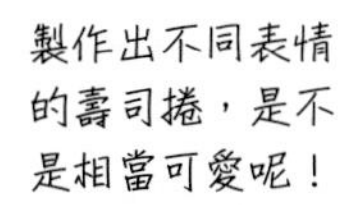

征史朗（8歲）和煌大（5歲）兄弟的挑戰！

① 喜歡料理的哥哥征史朗，表情很認真準備開始挑戰！

② 慎重地組裝食材。

③ 順利地捲起來了！

④ 耳朵是弟弟煌大做的唷！

⑤ 使用海苔模具製作眼珠，並且黏上去。

⑥ 完成！

貓咪

難易度＝★★★

貓咪的製作非常簡單，看你是想用棕色醋飯和黑色醋飯做出「三色貓」，或是只用白色醋飯製作出白貓，還是想使用黑色醋飯做黑貓，都可以試著挑戰看看，簡單地黏上海苔絲就是貓咪鬍鬚了！

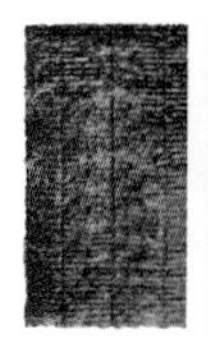

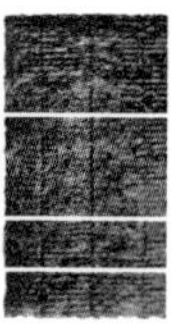

材料

- 醋飯（白色）…… 100g（分成40g×1份、20g×1份、10g×4份）
- 醋飯（棕色）…… 10g（雞肉鬆1/2小匙混合10g醋飯，或鰹魚香鬆1/2小匙混合10g醋飯）
- 醋飯（黑色）…… 10g（黑芝麻1/2小匙混合10g醋飯）
- 起司魚板條 …… 10cm×2條

海苔

- 半張 …… 1片
- 1/3張 …… 2片
- 1/6張 …… 2片

製作眼睛

1 用1/3張海苔捲起起司魚板條。

2 一共做兩條。

組合臉部

3 將壽司竹簾轉90度，半張海苔橫擺於其上，在正中央將40g白色醋飯平鋪成5cm的寬度。

4 將20g白色醋飯捏成棒狀，置於前述鋪平的醋飯正中央。

5 兩側放上眼睛細捲。

6 上半部一半鋪上10g棕色醋飯，另一半鋪上10g黑色醋飯。

7 左右兩側各補上10g白色醋飯，以便將整個臉部圖案剖面捏成橢圓形。

8 順著捲起黏上海苔。

9 隔著壽司竹簾調整成橢圓形。

10 切成四等份。

製作耳朵

11 將10g白色醋飯捏成10cm長的棒狀，並整形成三角棒狀。

12 將1/6張海苔縱向對折，從上方蓋上去。一共要做兩條。

組合整體

13 將兩條耳朵細捲，各自切成四等份。

14 將耳朵部位黏到臉部上。

15 使用海苔模具或剪刀，製作黑眼珠及表情黏上去，即可完成。

熊貓

難易度＝★★★

熊貓的重點是要製作出可愛的垂眼，所以放置眼睛部位時要仔細組合。黑眼圈的地方，也可以發揮巧思做成綠色或紅色，也很可愛喔！

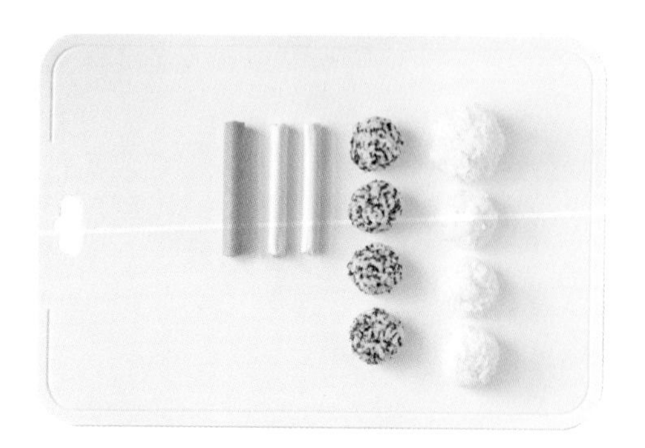

材料

- 醋飯（白色）…… 100g（分成40g×1份、20g×3份）
- 醋飯（黑色）…… 60g、分成15g×4份（黑芝麻1大匙混合50g醋飯）
- 起司條 …… 10cm×2條
- 魚肉香腸 …… 10cm

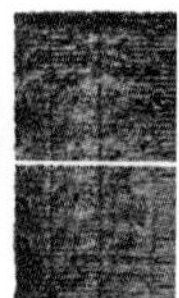

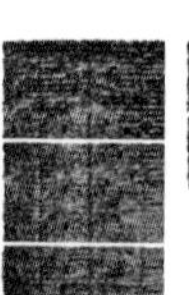

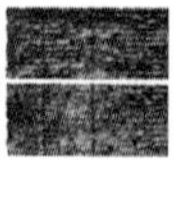

海苔

- 半張 …… 1片
- 1/2張 …… 2片
- 1/3張 …… 3片
- 1/4張 …… 2片

製作嘴巴

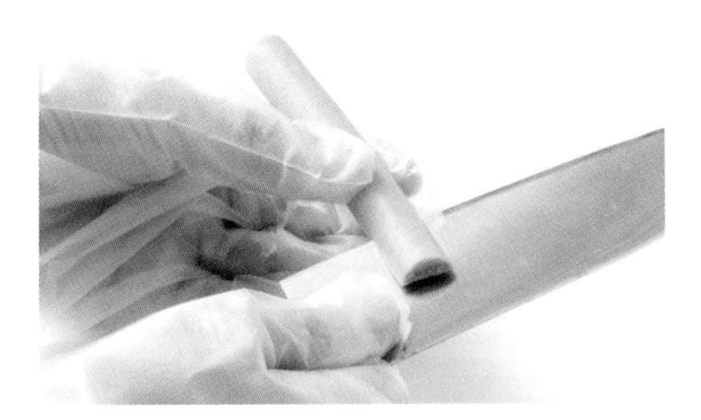

1 將魚肉香腸縱切剖半。

2 用1/3張海苔捲起魚肉香腸。

製作眼睛

3 用1/4張海苔捲起起司條，一共要製作兩條。

製作黑眼圈

4 將眼睛細捲置於1/2張海苔前端。

5 將15g黑色醋飯放在上方，朝內側覆蓋般鋪好，並捲成圓形細捲。重覆步驟4和5，一共做兩條。

製作耳朵

6 將15g黑色醋飯捏成棒狀，置於1/3張海苔上，並捲成圓形細捲，一共做兩條。

組合臉部

7 將壽司竹簾轉90度，1/2張海苔橫擺於其上，在正中央將40g白色醋飯平鋪成5cm的寬度。將20g白色醋飯捏成棒狀，置於前述鋪平的醋飯正中央。

8 現在要在兩側放上眼睛，拿出步驟5中做好的黑眼圈細捲，將起司部份朝下，斜斜地往內放置。將嘴巴細捲平的那一側朝下，置於壽司捲正中央。

9 從眼睛到嘴巴的左右兩側，各自使用20g白色醋飯填滿。

10 順著捲起黏上海苔。

11 隔著壽司竹簾調整成橢圓形。

12 切成四等份。

組合整體

13 將兩條耳朵細捲各自切成四等份。

14 用捏碎的醋飯當黏著劑，把耳朵部位黏到臉部上。

15 使用海苔模具或剪刀做出黑眼珠並黏上去，即可完成。

NOTE

可以製作出不同的眼部表情，例如喜、怒、哀、樂等等，這樣組合起來的各種小熊貓便當會非常可愛，大受孩子歡迎喔！

小雞

難易度＝★★★

在炒蛋中加入自己喜愛的調味，與醋飯混合就是道美味的壽司捲，最後再貼上海苔絲，可愛的小雞腳丫就出現囉！

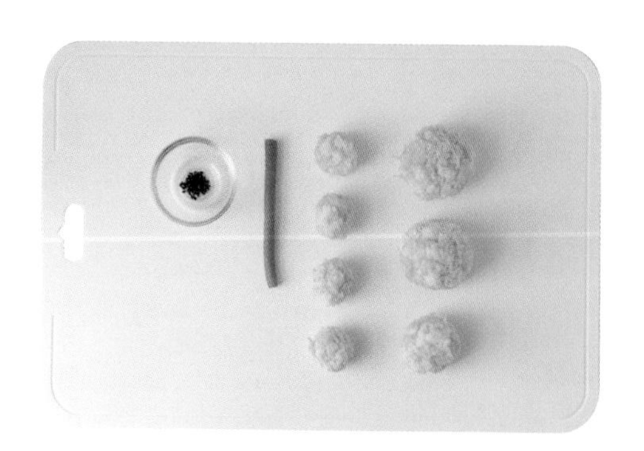

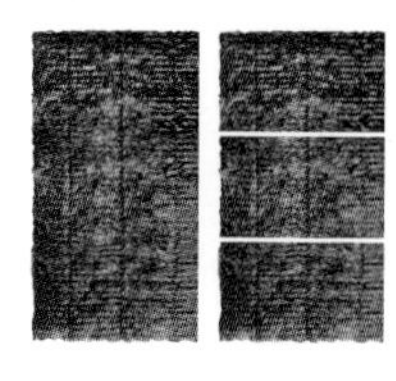

材料

- 醋飯（黃色）…… 140g（蛋絲切末3大匙混合120g醋飯），分成40g×2份、20g×1份、10g×4份
- 醃製山牛蒡 …… 10cm（也可以使用尖角部分已削圓的燉胡蘿蔔）
- 黑芝麻 …… 8粒

海苔

- 半張 …… 1片
- 1/3張 …… 3片

製作手

1 將1/3張海苔轉90度橫擺。

2 將10g黃色醋飯平鋪在1/3張海苔的前端。

3 捲成橢圓形。

4 一共做兩條。

製作嘴巴

5 將醃製山牛蒡置於1/3張海苔前端。

6 在海苔乾燥的情況下很難捲太細，可以用指尖沾水，稍微沾濕海苔整體再捲起。

7 嘴巴細捲完成了。

組合整體

8 將壽司竹簾轉90度，半張海苔橫擺於其上。

9 在海苔中央將40g黃色醋飯平鋪成5cm的寬度。

10 將手部細捲立起來擺，兩條手部細捲之間則放入20g黃色醋飯。

11 將嘴巴細捲置於正中央。

12 嘴巴部位的兩側則各別放入10g黃色醋飯。

13 使用40g黃色醋飯覆蓋成半圓形。

14 順著捲起黏上海苔。

15 隔著壽司竹簾調整外形。

16 切成四等份。

17 切片後，將黑芝麻放在眼睛位置，並貼上海苔絲當成小雞的腳。先將牙籤尖端用水沾溼，再利用牙籤把黑芝麻和海苔絲黏上去，製作上會比較容易。

蝴蝶

難易度＝★★★

這裡是使用沙拉捲的食材來製作蝴蝶造型壽司捲，而蝴蝶的翅膀則是用兩個扇型細捲組合而成的唷！

材料

- 醋飯（白色）…… 85g（分成40g×1份、30g×1份、5g×3份）
- 蟹肉棒 …… 10cm
- 起司魚板條 …… 10cm
- 薄片玉子燒 …… 6cm×10cm×2片
- 生火腿 …… 2片
- 生菜 …… 2片（任何葉菜類都可以）
- 海鮮香鬆 …… 1大匙（櫻花素或飛魚卵都可以）

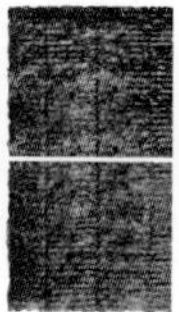
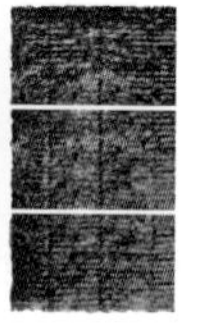

海苔

- 半張 …… 1片
- 1/2張 …… 2片
- 1/3張 …… 3片

製作翅膀

1 將起司魚板條縱切剖半，用1/3張海苔捲起，一共做兩條。

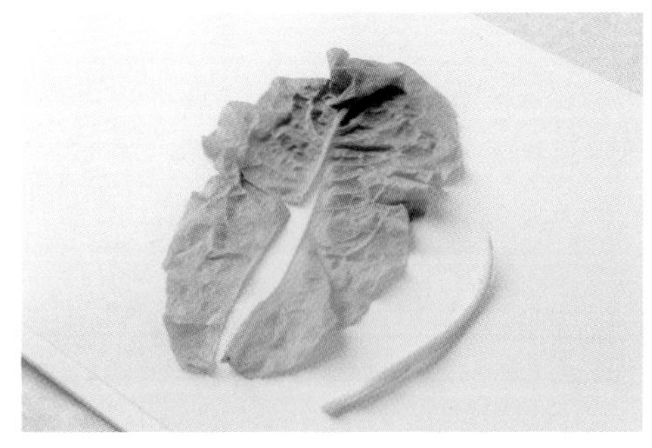

2 為了捲製時更容易，請將生菜梗切除。

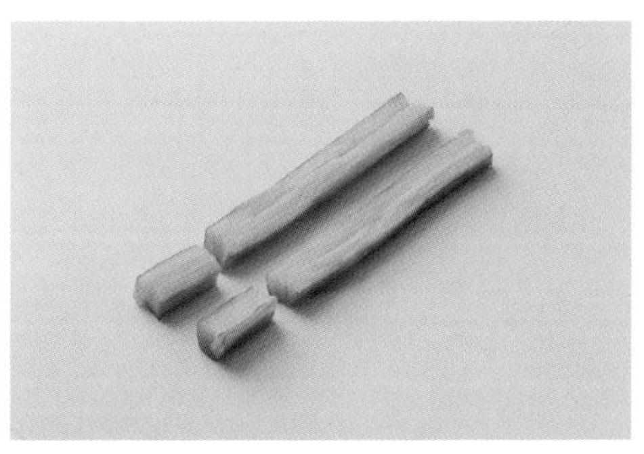

3 將10cm的蟹肉棒縱切剖半。

4 將生菜折疊成5cm×10cm大小，上面鋪上1片生火腿，再放上步驟3中切好的半條蟹肉棒。

5 捲好的末端朝下放置，一共做兩條。

6 將1片薄片玉子燒和1條步驟5中做好的生菜細捲，放置於1/2張海苔前端，海苔內側用水沾濕並捲好。共製作兩條。

製作觸角

7 將1/3張海苔縱向對折，在對折線上，左右邊各自再縱向對折一次。

8 沿對折線處，在其中一邊的海苔上，平鋪5g醋飯。

9 將海苔折成「V」字形，兩側再分別黏上5g醋飯。

組合整體

10 將壽司竹簾轉90度，半張海苔橫擺於其上。40g白色醋飯平鋪其上，但保留兩端各3cm的空白處，再灑上海鮮香鬆，正中央放上倒「V」字形的觸角細捲。

11 將步驟6做好的兩條翅膀細捲，捲好的末端彼此朝內側相接，並且斜斜地朝上方放置。

12 單手捲成圓形並拿著，再拿出步驟1中做好的起司魚板條細捲，平的那一側朝下放置。

13 把30g白色醋飯平鋪在上半部。

14 順著捲起黏上海苔，再隔著壽司竹簾調整外形。

15 切成四等份，即可完成。

NOTE

步驟11放上翅膀時，記得要斜斜地朝上方放置，這樣才會有蝴蝶在飛舞的感覺喔！瞧～完成的壽司捲是不是像一隻隻蝴蝶在翩翩飛舞呢？

兔子

難易度＝★★★

組裝臉部圖案時，讓嘴巴離眼睛近一點，搭配圓圓的臉頰，就可以變成很可愛的小兔子，耳朵部分則可以填入孩子喜歡的食材喔！

材料

- 醋飯（白色）…… 140g（分成40g×2份、20g×3份）
- 醋飯（粉紅色）…… 60g（海鮮香鬆或鮭魚香鬆1大匙混合50g醋飯）、分成20g×3份
- 魚肉香腸 …… 10cm
- 起司條 …… 10cm×2條
- 蟹肉棒 …… 10cm×2條

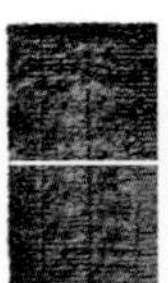
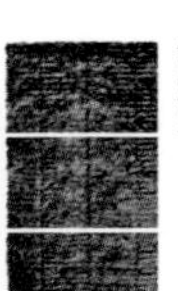

海苔

- 半張 …… 2片
- 1/2張 …… 2片
- 1/3張 …… 4片

製作嘴巴

1 將魚肉香腸縱切剖半。

2 用1/3張海苔捲起魚肉香腸。

製作眼睛

3 用1/3張海苔捲起起司條，一共要製作兩條。

製作耳朵

4 20g白色醋飯平鋪在1/2張海苔上，但保留對側2cm的空白處不鋪。將蟹肉棒放在醋飯的對側位置。

5 用水將海苔部分沾溼，並捲起蟹肉棒，一共做兩條。

組合整體

6 將壽司竹簾轉90度，1/2張海苔橫擺於其上，在正中央將40g白色醋飯平鋪成5cm的寬度。將20g白色醋飯捏成棒狀，置於前述鋪平的醋飯正中央。

7 在前述鋪平的醋飯兩側放上眼睛細捲，而嘴巴細捲平的那一側朝下，置於壽司捲正中央。

8 使用40g白色醋飯覆蓋成半圓形。

讓嘴巴上方短一點，盡量在眼睛細捲放置處的上方塞入醋飯，讓臉頰處圓一點會更可愛。

9 順著捲起黏上海苔，隔著壽司竹簾調整外形。

10 將壽司竹簾轉90度，把1片半張海苔和1片1/3張海苔黏接起來，橫擺於壽司竹簾上。將20g粉紅色醋飯捏成三角形條狀，置於海苔正中央，兩條耳朵細捲於兩側擺成「八」字形的模樣。

三角形條狀的醋飯高度，一定要與耳朵細捲同高喔！

11 拿出已做好的臉部壽司捲，眼睛朝下放置。

12 兩側再各別以20g粉紅色醋飯填滿間隙。

13 順著捲起黏上海苔，隔著壽司竹簾調整外形。

14 耳朵朝下放置，切成四等份。

15 用海苔製作成眼睛黏上去，即可完成。

小狗

難易度＝★★★

分別使用水煮蔬菜、漬物的深色部分和淺色部分，來製作臉部圖案！製作重點是必須要確實地去除食材中的水份。

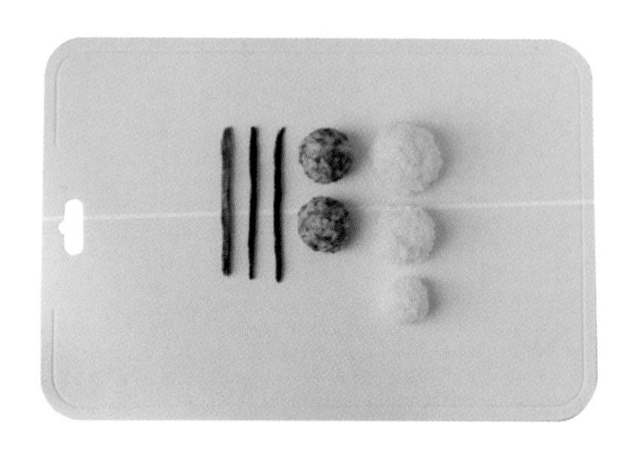

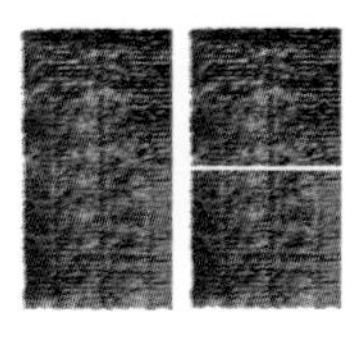

材料

- 醋飯（白色）…… （80g、分成40g×1份、30g×1份、10g×1份）
- 醋飯（棕色）…… 50g（雞肉鬆1大匙混合40g醋飯）、分成25g×2份
- 水煮菠菜 …… 葉子部分10cm×2條（眼睛）
- 水煮菠菜 …… 莖的部分10cm（鼻子）

（註：蔬菜也可以用野澤菜漬物替換，記得要用廚房紙巾去除水份。）

海苔

- 半張 …… 1片
- 1/2張 …… 2片

製作耳朵

1 將25g棕色醋飯放在1/2張海苔前端，平鋪約3cm寬度。

2 捲成橢圓形，一共做兩條。

製作臉部

3 將壽司竹簾轉90度，1/2張海苔橫擺於其上，在正中央將40g白色醋飯平鋪成3cm的寬度。

4 在前述鋪平的醋飯兩端分別放上1條水煮菠菜（葉子部分）。

5 兩條水煮菠菜之間則放入10g白色醋飯。

6 在正中央再放上水煮菠菜（莖的部分）。

7 使用30g白色醋飯，從眼睛高度一路覆蓋到上半部。

組合整體

8 將步驟2中做好的耳朵細捲擺在臉部的兩側，呈現「八」字形的模樣。

9 單手捲成圓形並拿著，順著捲起並黏上海苔。

10 隔著壽司竹簾調整外形。

11 切成四等份。

12 如果切片後眼睛或鼻子位置跑掉，可以用牙籤尖端稍微調整移動位置。

Q&A 造型壽司捲製作疑難破解

Q3 捲的時候，海苔末端總是黏不住怎麼辦？

A：捲製完成後朝下放置一段時間，通常可以解決海苔黏不住的問題，但如果想要馬上做好，可以在海苔邊緣沾上幾顆醋飯飯粒當「膠水」，便能黏住了。

Q4 捲的時候，造型圖案總是變形怎麼辦？

A：捲製時看不到上面以外的部分，所以在組合壽司捲時，或是切小黃瓜這類食材時，除了要一邊進行步驟，還要時常注意兩端剖面的形狀。

小豬

難易度＝★★★

帶有一抹微笑的小豬壽司捲超可愛！使用兩層海苔可以做出明顯地微笑瞇瞇眼，這可是兒童便當中的人氣圖案喔！

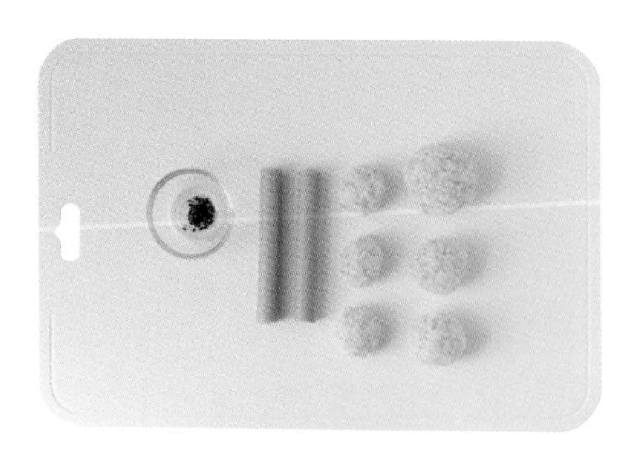

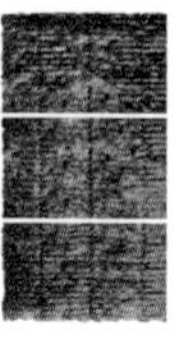

材料

- 醋飯（粉紅色）⋯⋯ 110g（海鮮香鬆或鮭魚香鬆1大匙混合100g醋飯），分成40g×1份、20g×2份、10g×3份
- 魚肉香腸 ⋯⋯ 10cm×2條
- 黑芝麻 ⋯⋯ 8粒

海苔

- 半張 ⋯⋯ 1片
- 1/3張 ⋯⋯ 3片

製作耳朵

1 拿出1條魚肉香腸，縱切剖半。

製作鼻子

2 拿出另外1條魚肉香腸，置於1/3張海苔的前端。

3 順著魚肉香腸的外形，用海苔捲起。

4 用水稍微沾濕海苔末端，一邊捲一邊轉動，讓細捲黏起來。

製作眼睛

5 拿出1張1/3海苔，粗糙面朝向內側，縱向對折。

6 用水稍微沾濕海苔末端，並對折黏起，一共做兩片。

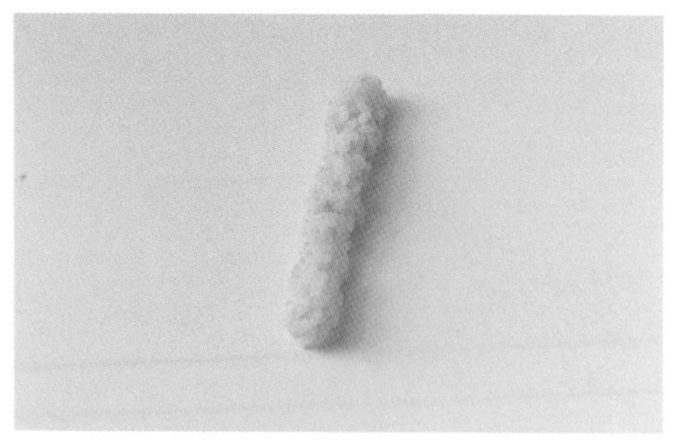

7 將10g粉紅色醋飯捏成10cm長的棒狀。

8 使用步驟6中做好的海苔片，包住10m長的棒狀粉紅色醋飯，整形成半圓形，一共做兩條。

組合整體

9 將壽司竹簾轉90度，半張海苔橫擺於其上。在半張海苔正中央約3cm寬的兩端，放上耳朵（魚肉香腸平的那一側朝下）。

10 將40g粉紅色醋飯填入兩條耳朵之間，同時覆蓋且平鋪在兩條耳朵之上。

11 將10g粉紅色醋飯捏成棒狀，置於醋飯的正中央。

12 拿出眼睛細捲，海苔側朝下，置於醋飯的兩端。

13 將鼻子細捲放到醋飯的正中央。

14 從鼻子到眼睛的左右兩側，各自使用20g粉紅色醋飯填滿。

15 單手捲成圓形並拿著，順著捲起並黏上海苔。

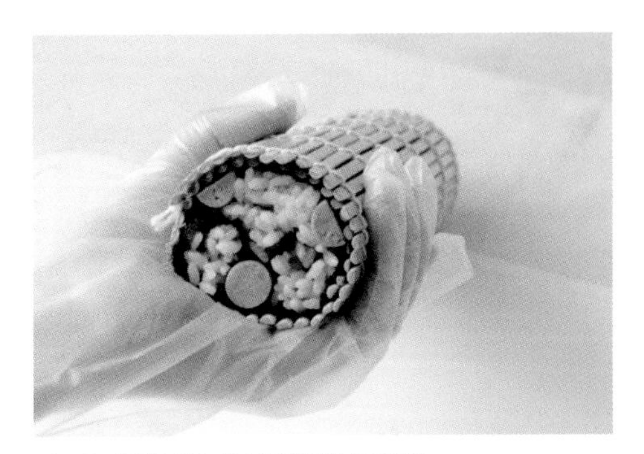

16 隔著壽司竹簾調整成圓形。

17 切成四等份。

18 使用黑芝麻，兩粒為一組，黏上去當成小豬鼻子。

青蛙

難易度＝★★★

嘴巴在微笑，還附帶可愛臉頰的小青蛙，圓圓的臉頰和笑咪咪的眼睛好可愛，可以用海苔模具或剪刀製作出自己喜歡的眼睛圖案，小青蛙就會有各種豐富的表情囉！

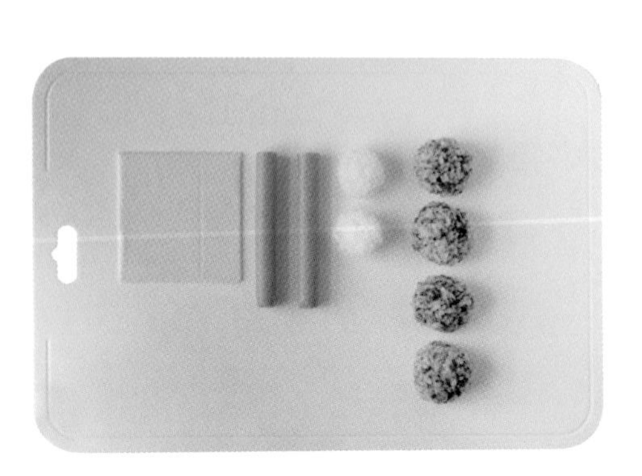

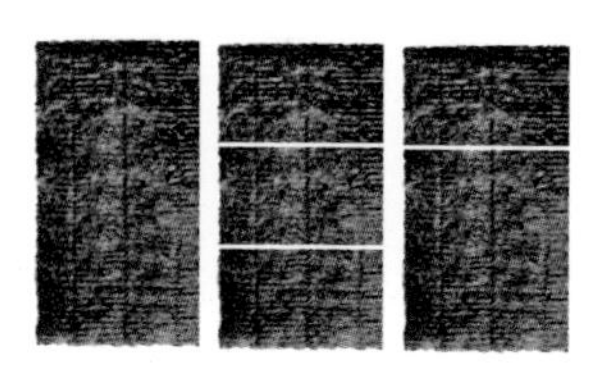

材料

- 醋飯（白色）…… 20g、分成10g×2份
- 醋飯（綠色）…… 80g（海苔粉2小匙和少許美奶滋混合80g醋飯）、分成20g×4份
- 魚肉香腸 …… 10cm×2條
- 切片起司 …… 1片

海苔

- 半張 …… 1片
- 1/3張 …… 4片
- 2/3張 …… 1片

製作臉頰

1 用1/3張海苔捲起魚肉香腸。

2 用水稍微沾濕海苔末端，一邊捲一邊轉動，讓細捲黏起來，一共做兩條。

製作眼睛

3 將壽司竹簾轉90度，1/3張海苔橫擺於其上，將10g白色醋飯置於1/3張海苔的前端。

4 捲成圓形，一共做兩條。

製作嘴巴

5 將切片起司裁切成4cm×10cm的大小，放在2/3張海苔的正中央。

6 如圖般將左右兩邊的海苔往內折。

製作臉部

7 將20g綠色醋飯捏成3cm×10cm的長方形，用兩條臉頰細捲從兩側夾住。

8 將20g綠色醋飯捏成10cm的棒狀，並且把做好的嘴巴海苔整形成半圓形。

9 將步驟8捏好的綠色醋飯和海苔，置於步驟7的醋飯上面（如圖）。

10 沿著嘴巴海苔的形狀，鋪上20g綠色醋飯。

組合整體

11 將壽司竹簾轉90度，半張海苔橫擺於其上。把步驟10做好的半成品壽司捲倒過來，放在半張海苔正中央。

12 單手捲成圓形並拿著，將臉頰細捲放在眼睛細捲上面，兩條眼睛細捲之間則填入20g綠色醋飯。

12 順著捲起黏上海苔。

13 切成四等份。

14 黏上以海苔模具或剪刀製作的黑眼睛表情，即可完成。

大雨後出現彩虹，充滿元氣的小青蛙在向你微笑呢！

PART 3

親子同樂真好玩！

可愛食物圖樣系列

本章介紹的壽司捲，也是適合7歲以上的小孩及大人製作，只要大人幫忙準備好食材，孩子獨立完成也是可以的喔！其中難易度標示為2顆星的食譜，可以大人和孩子一同協助完成。

蘋果

難易度＝★★★

把切割好的小梗插進去，就像真的蘋果一樣逼真喔！紅薑也可以替換成煙燻鮭魚、醃漬櫻桃蘿蔔等孩子喜歡的食材；而蘋果梗可以用瓢瓜乾來做，或是3cm寬的海苔（1/6半張）縱向對折也可以。

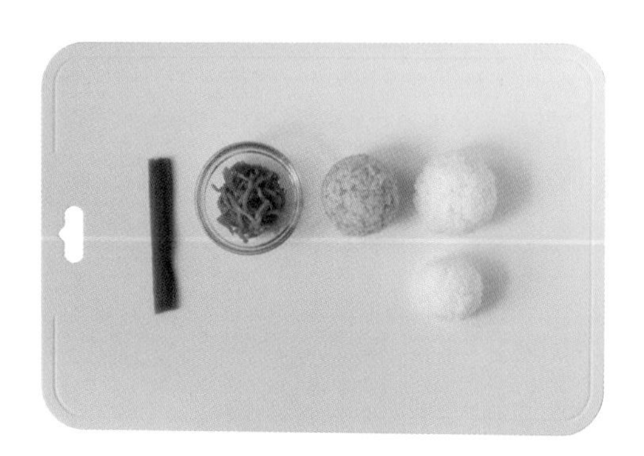

材料

- 醋飯（白色）……90g（分成60g和30g）
- 醋飯（粉紅色）…… 70g（海鮮香鬆1大匙混合60g醋飯，或櫻花素1/2大匙混合70g醋飯）
- 紅薑……1大匙
- 瓢瓜乾 …… 1.5cm×10cm（使用有點厚度的會比較容易製作。）

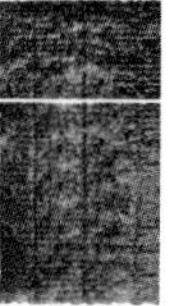

海苔

- 半張……1片
- 1/3張……1片
- 2/3張……1片

製作蘋果梗

1 將瓢瓜乾放在1/3張海苔的前端，配合瓢瓜乾的寬度而捲起來。

2 將壽司竹簾轉90度，2/3張海苔橫擺於其上，把紅薑鋪平在海苔前端處，大約鋪4cm寬度。

製作蘋果

3 將70g粉紅色醋飯鋪在紅薑上面。

4 接下來要捲成圓形，請隔著壽司竹簾調整成圓形。

5 將步驟4做好的細捲轉到紅薑那一側，使用菜刀切出1cm左右的切口。

6 把蘋果梗插進去。

組合整體

7 將壽司竹簾轉90度，半張海苔橫擺於其上。接下來平鋪上60g白色醋飯，但保留兩端各3cm的空白處，將蘋果細捲放置在正中央。

8 單手捲成圓形並拿著。

9 將30g白色醋飯鋪在最上層。

10 順著捲起黏上海苔。

11 隔著壽司竹簾調整成圓形。

12 切成四等份，即可完成。

雙胞胎姐妹－小愛和小葵（11歲）也會做喔！

1 兩人很順利地捲好囉！

2 切一切就變成蘋果了！

3
接著把可愛的
壽司捲盛盤，
趕快來吃吧～

葡萄

難易度＝★★★

只要製作很多小細捲組合起來，就可以變成葡萄了。顏色可自行變化，若是混合海苔粉做出綠色醋飯，就可以變成麝香葡萄耶！葡萄果實的尺寸如果有點差異也沒關係，上桌時還是能呈現可愛的風格。

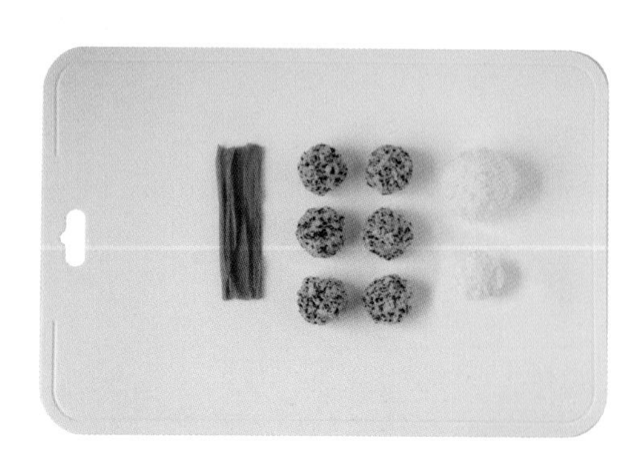

材料

- 醋飯（白色）…… 80g（分成60g和20g）
- 醋飯（紫色）…… 80g、分成 6 等份（紫蘇香鬆 1/2 大匙混合 80g 醋飯，或櫻花素 1/2 大匙混合 70g 醋飯）
- 瓢瓜乾 …… 長10cm、總共能擺出3cm寬的份量

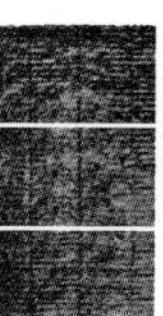
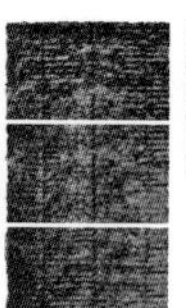

海苔

- 半張 …… 1片
- 1/3張 …… 6片
- 1/2張 …… 1片

製作葡萄果實

1 將壽司竹簾轉90度，1/3張海苔橫擺於其上，把被分成6等份的紫色醋飯，拿出1份捏成棒狀，鋪在海苔前端處。

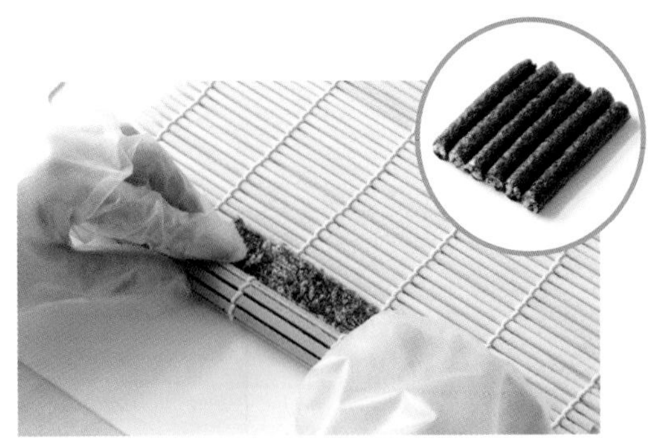

2 接著捲成圓形，全部6條捲好後，使用剪刀把6條的兩端裁切整齊。

製作葡萄梗

3 把瓢瓜乾拆開，並排約3cm的寬度，放在1/2張海苔的正中央。

4 如圖般分成三折，將上下兩邊的海苔往內折。

組合整體

5 將壽司竹簾轉90度，半張海苔橫擺於其上，60g白色醋飯平鋪其上，但保留兩端各3cm的空白處。

6 正中央放上第一條葡萄果實細捲。

7 單手捲成圓形並拿著，在第一條葡萄果實細捲上面，放上2條葡萄果實細捲。

8 配合葡萄果實細捲的寬度，逐步把整個海苔捲，捲成半圓形，最後放上3條葡萄果實細捲。

9 把葡萄梗插進去。

10 將20g白色醋飯鋪在最上層，再順著捲起黏上海苔。

11 隔著壽司竹簾調整成圓形。

12 切成四等份，即可完成。

Q&A 造型壽司捲製作疑難破解

Q5 不太會煮飯的人，也能做造型壽司捲嗎？

A：製作造型壽司捲並不是煮飯，反而像是手工藝，所以很多不太會煮飯的人反而很會做造型壽司捲呢！只要仔細地製作各種組裝部位，再按照步驟進行就能輕鬆完成了。

Q6 海鮮香鬆和櫻花素的差別是？

A：海鮮香鬆的原料是蝦子或魚貝類，櫻花素的原料則是鱈魚等白肉魚，煮熟後炒細並調味所製成。但市售的「櫻花素」產品，其實甜味比海鮮香鬆更重、細纖維較多，所以使用海鮮香鬆和櫻花素混合醋飯時，因為兩者的重量不同，混入的比例也不同。另外，鮭魚香鬆和海鮮香鬆的重量和顏色相同，混合容易，儘管味道不一樣，但也是效果類似的食材。

香菇

難易度＝★★★

很可愛的小香菇，很適合加入細小的圓形剖面食材增添可愛感，例如煮過的綠豆或魚肉香腸。因為可以自由組合喜歡的顏色醋飯和食材，所以也可以試著做出橘色的香菇喔！

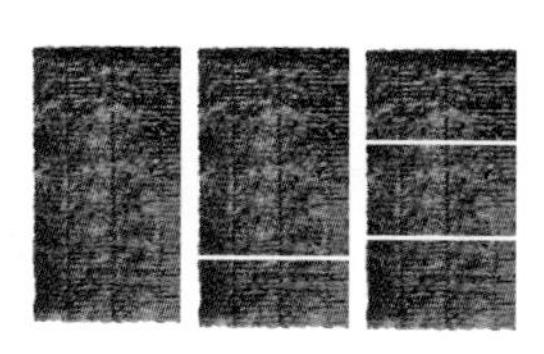

材料

- 醋飯（棕色）…… 60g（鰹魚香鬆1大匙混合60g醋飯）、分成20g×3份
- 醋飯（黃色）…… 60g（蛋絲切末2大匙混合60g醋飯）、分成15g×4份
- 蟹肉棒 …… 10cm
- 起司條 …… 10cm×3條

海苔

- 半張 …… 1片
- 3/4張 …… 1片
- 1/4張 …… 1片
- 1/3張 …… 3片

製作香菇紋路

1 用1/3張海苔捲起起司條，一共做3條。

製作菇傘

2 將壽司竹簾轉90度，3/4張海苔橫擺於其上，在海苔正中央鋪上3cm寬的20g棕色醋飯，不要鋪平而是略有高低差。

3 在海苔的正中央和較低處，各放上1條起司條細捲。

4 將20g棕色醋飯填入兩條起司條細捲之間。

5 在填入的棕色醋飯上，放上第3條起司條細捲。

6 將剩餘的20g棕色醋飯鋪在最上面，把整個壽司捲整形成三角形。

7 順著捲起黏上海苔。

8 隔著壽司竹簾調整成三角形。

製作香菇梗

9 將蟹肉棒放到1/4張海苔的正中央並捲起。

組合整體

10 將壽司竹簾轉90度，半張海苔橫擺於其上。把香菇梗（蟹肉棒）細捲放在半張海苔的正中央，左右兩側則分別放上15g黃色醋飯，讓醋飯高度與香菇梗細捲一樣高。

11 將步驟8中做好的菇傘細捲放上去。

12 將15g黃色醋飯蓋在菇傘細捲的一側。

13 同樣地在菇傘細捲的另一側，蓋上15g黃色醋飯。

14 隔著壽司竹簾調整外形。

15 切成四等份，即可完成。

NOTE

學會了各式各樣的壽司捲，就可以把它組合起來，森林裡面種植了許多小香菇，小兔子、小熊、小狗開心地圍繞在旁邊。這樣是不是就是一盒很可愛的便當呢？

香蕉

難易度＝★★★

把玉子燒切一切就能變身成香蕉啦！可以在醋飯中混入紫蘇香鬆等含有鹽份的食材，再簡單地使用醋飯包起來，和甜甜的玉子燒一起入口，口味很搭又好吃喔！

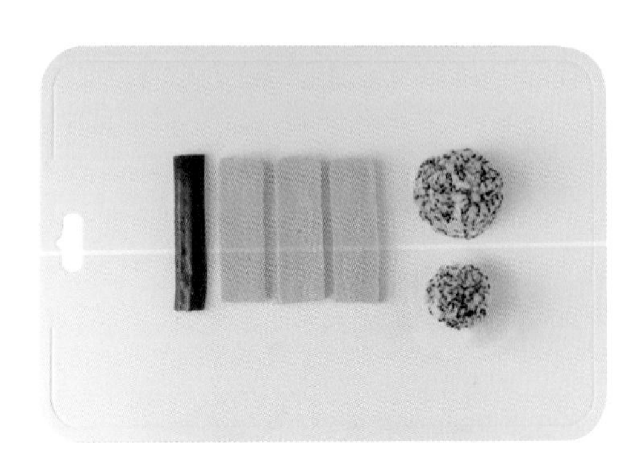

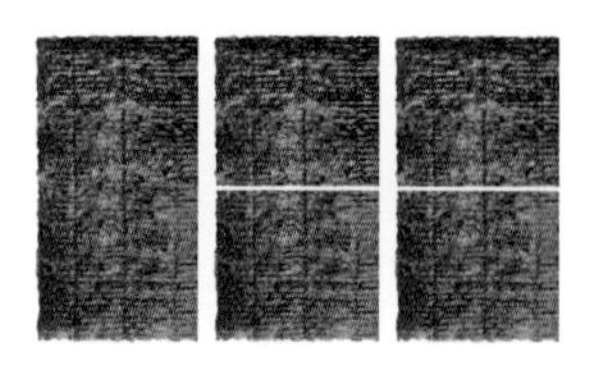

材料

- 醋飯（黑色）…… 80g（黑芝麻1大匙混合80g醋飯）、分成60g和20g
- 玉子燒 …… 1cm×3cm×10cm×3條
- 小黃瓜 …… 10cm（縱切剖半）

海苔

- 半張 …… 1片
- 1/2張 …… 4片

製作香蕉串

1 將玉子燒一面的尖角部分削圓，另一面則是切成平面。

2 一共做3條。

3 把1條玉子燒放在1/2張海苔正中央。

4 如圖般將上下兩邊的海苔往內折。

5 一共做3條。

製作香蕉梗

6 把小黃瓜用1/2張海苔捲起來。

組合整體

7 將壽司竹簾轉90度，半張海苔橫擺於其上。60g黑色醋飯平鋪其上，但保留兩端各3cm的空白處。

8 把香蕉梗細捲平的那一側朝下，擺在海苔正中央。

9 單手捲成圓形並拿著，再把3條香蕉串細捲放進去，要注意削圓的地方要擺成同方向。

10 將20g黑色醋飯的一部分塞入3條香蕉串細捲之間。

11 剩下的黑色醋飯再鋪到香蕉串細捲上面。

12 順著捲起黏上海苔。

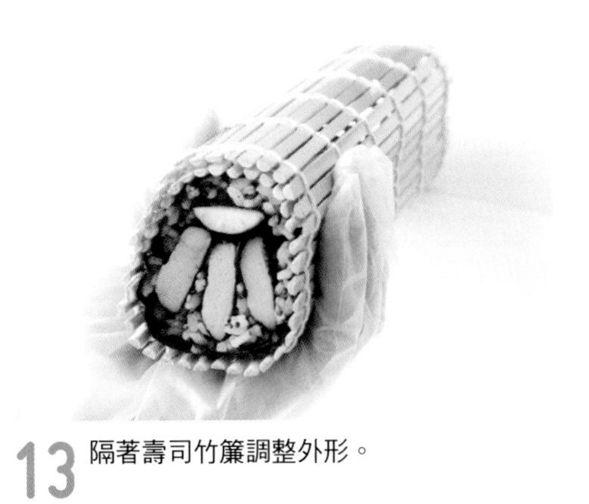

13 隔著壽司竹簾調整外形。

14 切成四等份。

完成囉！

南瓜

難易度＝★★★

用玉子燒和豆皮捲出好吃的壽司捲吧！萬聖節的時候做出這樣的壽司捲一定很讓人驚豔！另外，若使用海苔在南瓜上做出眼睛和嘴巴，就會變成好玩的傑克南瓜燈囉！

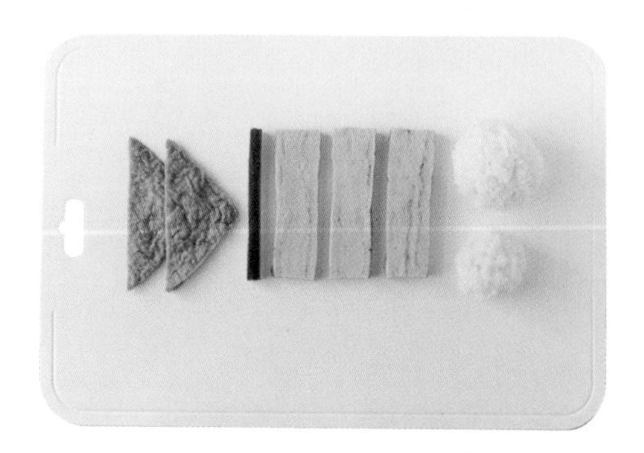

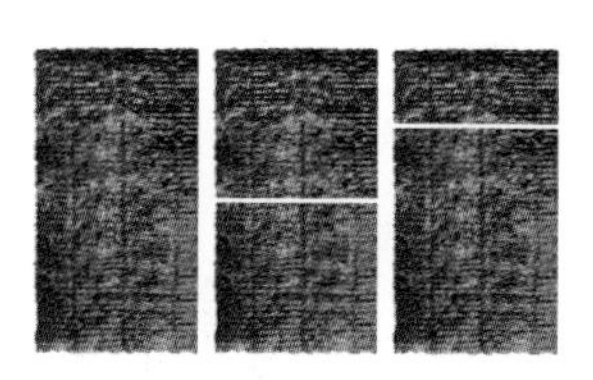

材料

- 醋飯（白色）…… 70g（分成50g和20g）
- 玉子燒 …… 1cm×3cm×10cm共3片
- 三角形豆皮（豆皮壽司用）…… 2片
- 小黃瓜 …… 約寬0.5cm×長10cm

海苔

- 半張 …… 1片
- 1/2張 …… 2片
- 1/4張 …… 1片
- 3/4張 …… 1片

製作南瓜梗

1 把小黃瓜用1/4張海苔捲起來。

製作南瓜果實

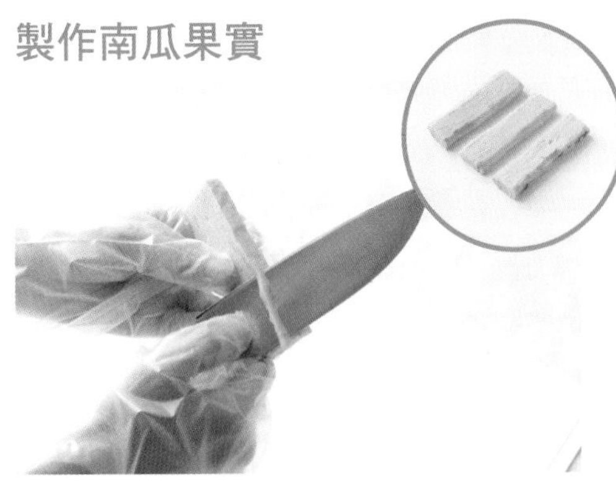

2 將3條玉子燒的尖角部分都削圓。

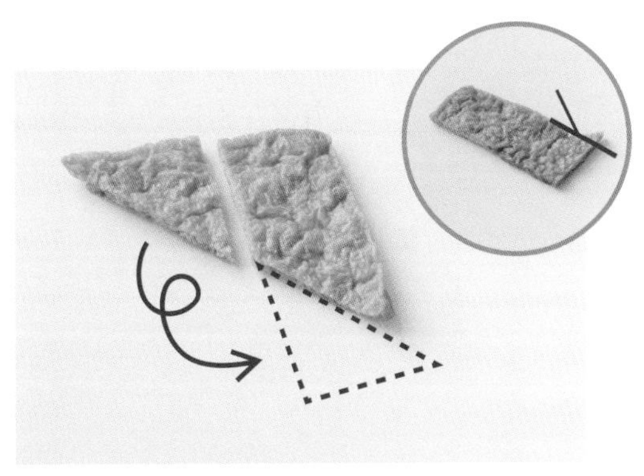

3 將三角形豆皮裁切組合成3cm×10cm，突出的部份要裁切掉。

4 把步驟3中做好的長方形豆皮放在1/2張海苔正中央，如圖般將上下兩邊的海苔往內折。一共做2條。

5 把3片玉子燒交錯夾著2條豆皮細捲。

6 把步驟5中排好的玉子燒和豆皮細捲，放在3/4張海苔正中央，再捲成一捲。

組合整體

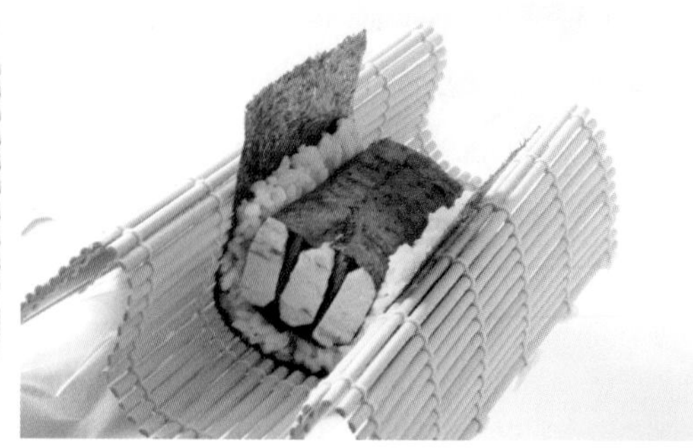

7 將壽司竹簾轉90度，半張海苔橫擺於其上。接著將50g白色醋飯平鋪其上，但保留兩端各3cm的空白處，再放上步驟6做好的南瓜果實，然後單手捲成圓形並拿著。

8 在南瓜果實正中央放入南瓜梗細捲，上方鋪上20g醋飯。

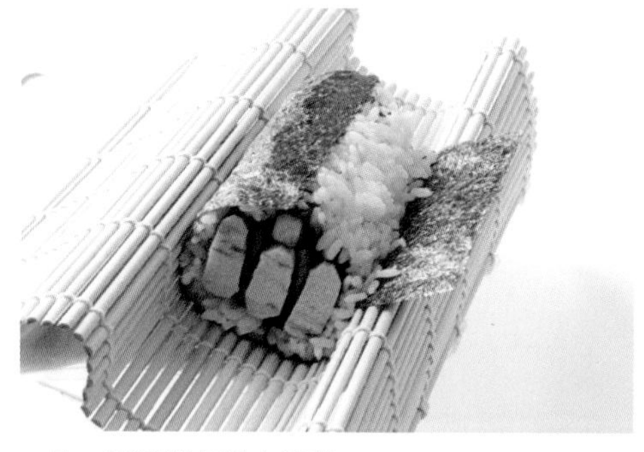

9 順著捲起黏上海苔。

10 隔著壽司竹簾調整外形。

11 切成四等份，即可完成。

Q&A 造型壽司捲製作疑難破解

Q7 壽司捲可以在前一天，就事先做好嗎？

A：當天做的食物，當天吃完是比較好的。隨著時間經過，醋飯會變硬、味道也會變差，海苔的顏色還會轉印到醋飯上面而變黑。建議在前一天，先把全部食材切割成要用的尺寸，煮好燉菜、將漬物的水份去除，全部準備好，就能縮短當日的製作時間。

Q8 壽司捲可以放在冰箱保存嗎？

A：壽司捲放在冰箱保存會變硬，所以夏天時要放在日光照射不到的地方，或是涼爽的地方會比較好喔！夏天或是攜帶壽司捲外出時，請在旁邊放置保冷劑。

胡蘿蔔

難易度＝★★★

鮭魚香鬆和秋葵組合起來的口味非常出色，會讓不喜歡吃蔬菜的人在不知不覺中一口口吃下去！胡蘿蔔葉子的部分，替換成煮好的綠豆，或是炒過的蘆筍也很美味喔！

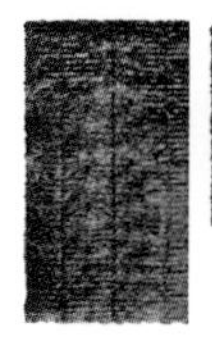

材料

- 醋飯（白色）…… 80g（分成40g×2份）
- 醋飯（橘色）…… 50g（鮭魚香鬆1大匙混合40g醋飯）
- 秋葵 …… 10cm×3份（因為秋葵品種的不同，每一條秋葵的尺寸不一，請切斷調整成相同長度。）

海苔

- 半張 …… 1片
- 2/3張 …… 1片

製作胡蘿蔔下半部

1 將壽司竹簾轉90度，2/3張海苔橫擺於其上，再放上捏成棒狀的橘色醋飯。

2 捲成圓形細捲。

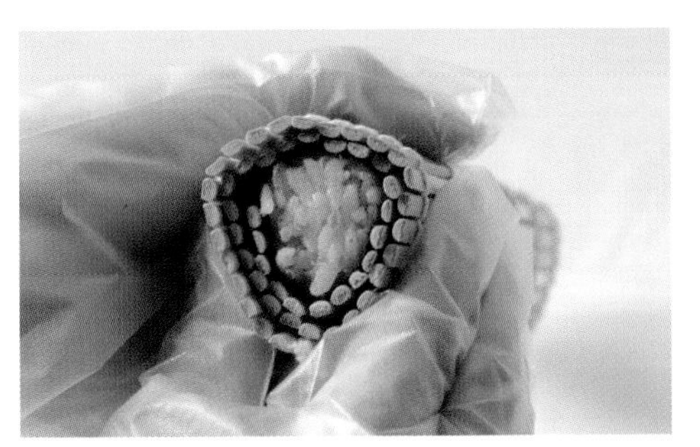

3 隔著壽司竹簾，調整成類似胡蘿蔔的三角形。

放好胡蘿蔔的位置

4 將壽司竹簾轉90度，半張海苔橫擺於其上，把白色醋飯鋪平於：從半張海苔中心線往右7cm寬的範圍內，最右邊則保留2cm寬度。

5 將胡蘿蔔下半部細捲放在正中央。

6 把另一份白色醋飯鋪平於：從半張海苔中心線往左7cm寬的範圍內，最右邊則保留2cm寬度。

組合整體

7 單手捲成圓形並拿著，將2份秋葵塞到胡蘿蔔下半部細捲上面。

8 再進一步滾成圓形，把第3份秋葵放到正中央的位置。

9 順著捲起黏上海苔。

10 隔著壽司竹簾調整外形。

11 切成四等份。

12 完成囉！

壯真（7歲）的壽司捲大挑戰！

1 調整一下醋飯的外形！

2 接著，平均地捏好白色醋飯……

3 這邊的白色醋飯有在正中央嗎？

自己做的壽司捲，
看起來好好吃！

4 緊張刺激的來囉～把秋葵放進去並包起海苔吧！

5 有沒有捲好呢？

6 切成四等份。

7 仔細確認切口。

8 完成！

草莓

難易度＝★★★

最受女孩歡迎的圖案就是草莓了！草莓果肉部分是先捲成圓形再調整成圓圓的三角形，製作重點正是那有點微圓的邊緣又美麗的線條喔！

材料

- 醋飯（粉紅色）…… 80g（海鮮香鬆1大匙與黑芝麻1/4小匙混合70g醋飯，或者，櫻花素1/2大匙與黑芝麻1/4小匙混合80g醋飯）
- 醋飯（黃色）…… 80g（蛋絲切末2大匙混合70g醋飯）、分成60g和20g
- 秋葵 …… 10cm
- 煙燻鮭魚 …… 2片

海苔

- 半張 …… 2片

製作草莓果肉

1 將壽司竹簾轉90度，半張海苔橫擺於其上，將80g粉紅色醋飯捏成棒狀並放在海苔前端。

2 在粉紅色醋飯上，重疊鋪上2片煙燻鮭魚。

3 捲成圓形細捲。

4 隔著壽司竹簾，把圓形調整成圓圓的三角形。

放入草莓梗

5 將煙燻鮭魚的部分朝下，使用菜刀從上方切進1cm左右的切口。

6 將秋葵放入步驟5中切好的切口。

組合整體

7 將壽司竹簾轉90度，半張海苔橫擺於其上。將60g黃色醋飯平鋪其上，但保留兩端各3cm的空白處。

8 將草莓果肉細捲放在已鋪平的黃色醋飯正中央。

9 單手捲成圓形，再把20g黃色醋飯填入上方部分。

10 順著捲起黏上海苔。

11 隔著壽司竹簾調整外形。

12 切成四等份，即可完成。

如果已混入黑芝麻醋飯中的黑芝麻不明顯，可以在切片上多放幾粒黑芝麻。

Q&A 造型壽司捲製作疑難破解

Q9 造型壽司捲常常要切成四等份，但總是切到散開怎麼辦？

A：造型壽司捲基本上都是切成四等份，為了製作圖案，需要填入各式各樣的食材，所以切太薄的話，整個壽司捲容易散掉。切片時可以先劃出要切成四等份的3個下刀位置，使用菜刀先切出各個切口，接著將菜刀沾水，像鋸子一樣，一邊往前後切開。

菜刀被醋飯弄髒還繼續切片的話，切片剖面就會變形，所以菜刀弄髒時，一定要用溼抹布擦拭，並沾一點水才能繼續切片。掌握住這些步驟，就能切出漂亮的剖面。

「水果中你最喜歡吃什麼？」

「草莓！」

「果然是草莓啊！」

章魚燒壽司捲

難易度＝★★★

從普通造型壽司大幅度變化而產生的「創意壽司」，看到的人都會驚呼～這是章魚燒壽司吧？外觀看起來好像是章魚燒，其實只是簡單變化的豆皮壽司喔！

材料

- 醋飯 …… 160g（白芝麻1/2大匙混合160g醋飯）、分成20g×8份
- 油炸章魚塊 …… 8個（市售的熟菜也可以）
- 三角形豆皮（豆皮壽司用）…… 8片（使用廚房紙巾去除水份）
- 醬汁、美奶滋 …… 適量
- 紅薑、柴魚片、海苔粉 …… 適量

油炸章魚塊：

將章魚切成喜歡的大小，用廚房紙巾去除水份。裹上地瓜粉，在170～180℃的油中油炸約2分鐘，起鍋後灑上一點鹽。

製作章魚捲

1 將油炸章魚塊塞入20g醋飯中。

2 把醋飯捏成圓形，讓油炸章魚塊被完全包覆。

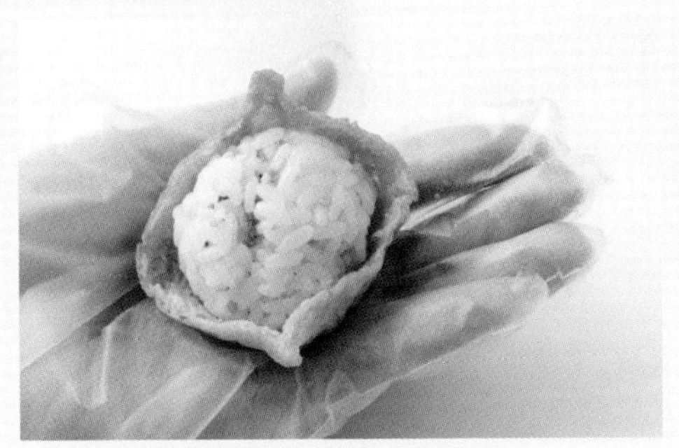

3 把圓形醋飯塞入三角形豆皮中。

4 將三角形豆皮的邊角內折，塞到下面並壓住。

5 上桌前，放上醬汁、美奶滋、紅薑、柴魚片和海苔粉，即可完成。其中醬汁可以選用中濃醬汁、豬排醬汁或大阪燒醬汁。

PART 4

\ 進階版壽司捲！ /

適合派對及宴客的華麗圖樣

本章介紹的壽司捲，最適合季節活動或家庭派對的場合，請一定要照著做看看！如果是喜愛料理的小孩，大約小學高年級左右可以挑戰看看！

CATERPILLAR
ROLL

壽司捲蛋糕造型

難易度＝★★★

將壽司捲變身蛋糕捲！使用馬鈴薯泥和小番茄來替代鮮奶油和草莓做為裝飾，也可以自由選用喜歡的食材喔！

海苔
- 半張 …… 1片

材料
- 醋飯（白色）…… 100g
- 炸蝦 …… 10cm
- 蟹肉棒 …… 10cm
- 酪梨 …… 2～3塊
- 厚玉子燒 …… 10cm×18cm（也可使用市售的伊達捲替代）
- 生菜 …… 1～2片
- 馬鈴薯泥 …… 1大匙
- 小番茄 …… 2顆
- 白蘿蔔芽 …… 數根（也可用苜蓿芽來替代）

製作整體

1 將壽司竹簾縱向擺放，放上半張海苔，並將100g醋飯分成2～3塊置於海苔上。

2 將醋飯鋪滿半張海苔。

3 覆蓋一層保鮮膜。

4 單手壓在醋飯上，另一隻手放在壽司竹簾下。將壽司竹簾、海苔與醋飯整個翻面。

5 讓海苔那一面朝上放置，將生菜擺在前端，再將炸蝦、酪梨、蟹肉棒置於其上。

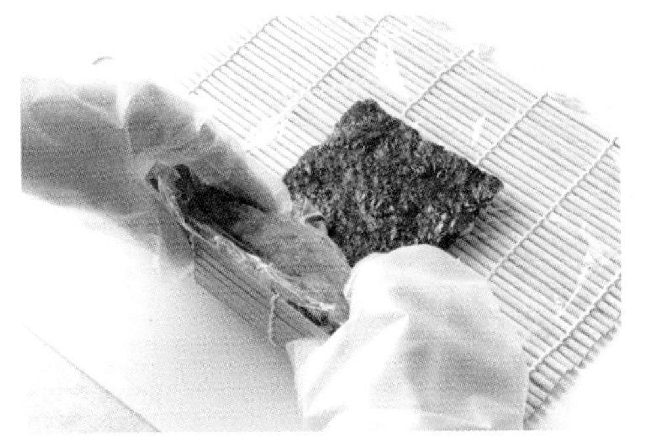

6 壓住全部食材，往前牢牢地捲起。

7 隔著壽司竹簾一邊壓一邊捲，但不要把保鮮膜捲入壽司捲中。

8 讓保鮮膜包住整個壽司捲，隔著壽司竹簾調整成圓形，再把壽司竹簾與保鮮膜撕下來。最後將厚玉子燒包住整個壽司捲，再次用保鮮膜整個包起來。

9 再次隔著壽司竹簾調整外形。

10 撕下保鮮膜，切成三等份。

因為切成四等份容易變形塌掉，所以才改切成三等份。

11 在切好的壽司捲上面放上一小球馬鈴薯泥。

12 放上數根白蘿蔔芽和切半的小番茄，即可完成。

Point 厚玉子燒容易讓整個壽司捲切片凸起來變形，如果有這種情況，使用一根水煮山芹菜從下方往上綁一圈就可以固定住，葉子與梗的部分不一定要綁住，簡單地擺好即可。

午餐是可愛又美味的甜點呢♪

毛毛蟲壽司捲

難易度＝★★★

這是一條看起來充滿樂趣的毛毛蟲壽司捲，優異的視覺效果在家庭派對中表現驚人，是很受歡迎的人氣壽司捲！壽司捲中的食材，可以改用孩子喜歡的食材來製作。

海苔
- 整張 …… 1片

材料
- 醋飯（白色）…… 150g（黑芝麻1/2大匙混合150g醋飯）
- 小黃瓜 …… 縱切1/4×19cm
- 鮪魚片（生魚片用）…… 1cm×1cm×19cm
- 鮭魚片（生魚片用）…… 1cm×1cm×19cm
- 酪梨 …… 1個（切成兩半）
- 白蘿蔔芽 …… 2根（可用苜蓿芽來替代）
- 起司條 …… 2片（切薄片）
- 頂端裝飾 …… 鮭魚卵或飛魚卵1大匙（選擇喜歡的加入即可）

製作毛毛蟲身體

1 將壽司竹簾轉90度，整張海苔置於其上，將醋飯鋪滿整張海苔，覆蓋一層保鮮膜。

2 單手壓在醋飯上，另一隻手放在壽司竹簾下。將壽司竹簾、海苔與醋飯整個翻面。

3 讓海苔那一面朝上放置，將小黃瓜、鮪魚片、鮭魚片擺在前端。

4 隔著壽司竹簾一邊壓一邊捲，但不要把保鮮膜捲入壽司捲中，最後再整個捲起來。

5 讓保鮮膜包住整個壽司捲，隔著壽司竹簾調整成圓形。

6 取酪梨（避開種子），切成薄片。

7 撕下壽司捲上的保鮮膜，把切成薄片的酪梨片稍微分開，擺成配合壽司捲的寬度與長度。

8 使用菜刀托住酪梨片，整個移到壽司捲上去，最上端再以保鮮膜覆蓋住。

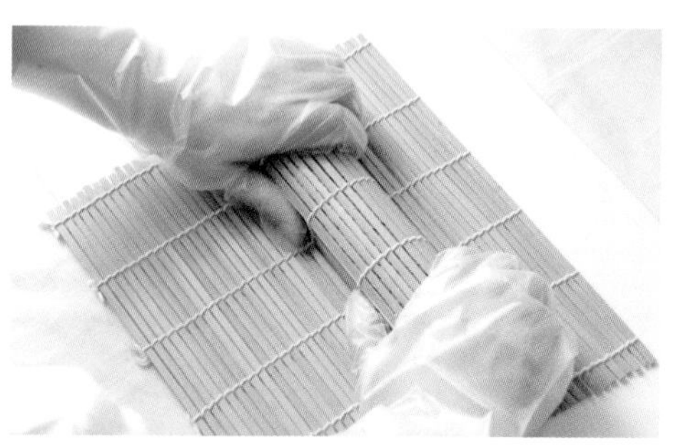

9 用壽司竹簾從上方包住，順著壽司捲的外形調整酪梨的形狀。

注意不要太用力壓，否則會導致酪梨破掉。

10 撕下保鮮膜，切成五等份。

製作毛毛蟲的臉

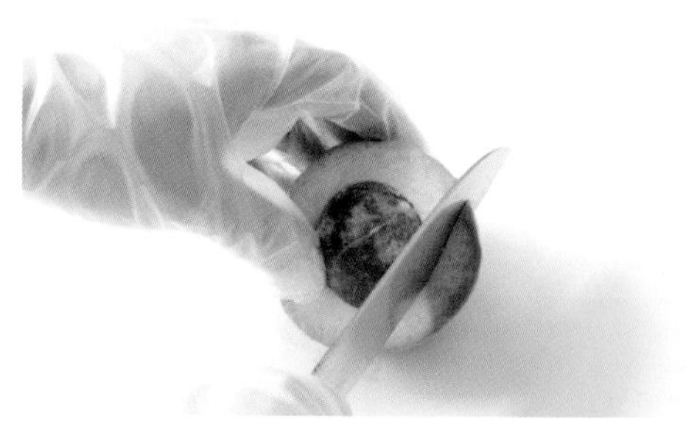

11 從酪梨種子邊緣下刀，切出一塊圓弧形酪梨塊。

12 在步驟8中做好的壽司捲最前端酪梨片上，擺上圓弧形酪梨塊，準備當成毛毛蟲的臉。

13 取2片切好薄片的起司條（片）和海苔，當成毛毛蟲的眼睛。

14 使用牙籤在毛毛蟲的眼睛上面插兩個小洞，再插入2根白蘿蔔芽。

15 完成囉！

只要在頂端加上喜歡的鮭魚卵，就能增添壽司捲的色彩，上桌時更可愛喔！

螢火蟲

難易度＝★★★

製作螢火蟲時，需要確實去除水份，一隻一隻地仔細做成細捲，才會變成可愛的螢火蟲。壽司捲的材料中加入煙燻鮭魚和紫蘇葉，口感很搭喔！

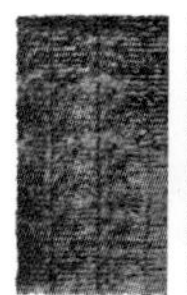
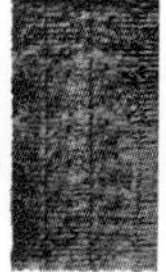

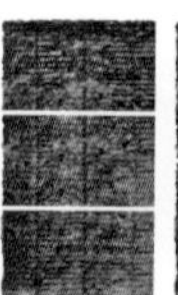
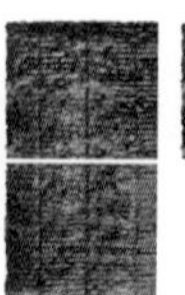

材料

- 醋飯（白色）⋯⋯ 210g（分成70g×1份和35g×4份）
- 小黃瓜（粗）⋯⋯ 10cm
- 瓢瓜乾 ⋯⋯ 1cm×10cm×6條、5cm寬×10cm×1條
- 煙燻鮭魚 ⋯⋯ 6片
- 紫蘇葉 ⋯⋯ 3～4片

海苔

- 半張 ⋯⋯ 3片
- 1/3張 ⋯⋯ 6片
- 1/2張 ⋯⋯ 3片

製作葉子

1 將小黃瓜縱切成四等份，每一條小黃瓜的尖角部分（兩處）都削圓。

2 將半張海苔橫擺，從一端切下2條寬度1cm的細條海苔。

3 將切下來的一條細條海苔，夾在步驟1中切好的2條小黃瓜之間，一共要做2次（如圖）。

4 把步驟2中剩餘的海苔邊緣夾到步驟3中的4條小黃瓜之間。

5 將海苔邊緣沾溼，往前牢牢地轉動捲起並黏好。

製作螢火蟲暗色翅膀

6 將1cm×10cm的瓢瓜乾用1/3張海苔捲起來，一共做6條。

製作螢火蟲頭部

7 將5cm寬的瓢瓜乾放在1/2張海苔前端上面，並且捲起來。

製作螢火蟲翅膀

8 將1片煙燻鮭魚放在半張海苔前端。

9 取1條瓢瓜乾細捲（做好的6條螢火蟲翅膀的暗色部分）塞入步驟8的第1片煙燻鮭魚中，再放第2條瓢瓜乾細捲，接著放第2片煙燻鮭魚。

10 接續步驟9，再放第3條瓢瓜乾細捲，接著放第3片煙燻鮭魚，用海苔捲起呈半圓形。這樣的流程要做2次（2條半圓形細捲，一共會用掉6片煙燻鮭魚和6條瓢瓜乾細捲）。

組合整體

11 將壽司竹簾轉90度，把1片半張海苔和1片1/2張海苔黏接起來，橫擺於壽司竹簾上。70g白色醋飯平鋪其上，但保留兩端各5cm的空白處，把做好的葉子細捲擺在正中央略為偏左處，其右側則鋪上約3cm寬的30g白色醋飯。

12 在葉子細捲的右邊擺放頭部細捲，翅膀細捲則繼續往右擺，讓葉子、頭部、翅膀（身體）相連成一直線。

13 使用35g白色醋飯填滿葉子正中央到身體上方部分，醋飯略呈圓形。

14 將1/2半張海苔對折兩次，變成10cm長的葉子梗，黏在葉子（小黃瓜）上，再沿著略成圓形的醋飯蓋到最上面。

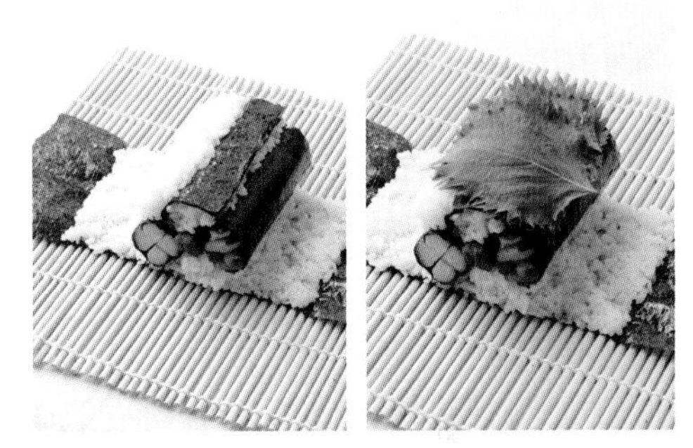

15 使用35g白色醋飯覆蓋葉子梗的左側，接著取3～4片紫蘇葉覆蓋於飯上。

16 在紫蘇葉上鋪上35g白色醋飯，並順著捲起黏上海苔。

17 切成四等份，即可完成。

四方之海

難易度＝★★★

風格獨特的四角壽司捲，呈現了摩登的風格，是大人之間很受歡迎的圖樣。並排盛盤時，非常能展現出華麗的五彩風格。

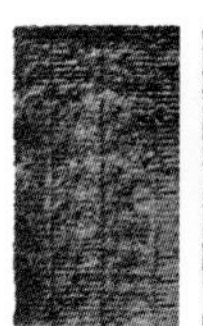

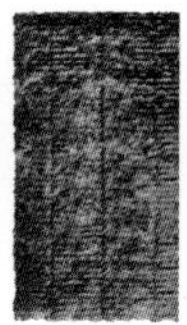

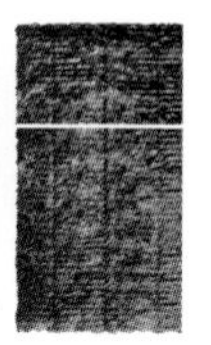

材料

- 醋飯（白色）…… 50g
- 醋飯（紫色）…… 70g（紫蘇香鬆1小匙混合70g醋飯）、分成50g和20g
- 玉子燒 …… 2.5cm×2.5cm×10cm
- 小黃瓜（粗）…… 10cm

海苔

- 半張 …… 2片
- 1/3張 …… 1片
- 2/3張 …… 1片

製作整體

1 將2/3張海苔橫擺於壽司竹簾上，使用50g白色醋飯鋪滿2/3張海苔，但保留另一端1cm的空白處，將小黃瓜置於前端，牢牢地捲起。
註：轉到最末端時，使用捏碎的醋飯黏接海苔。

2 將壽司竹簾轉90度，半張海苔橫擺於其上，將50g紫色醋飯鋪於其上，但保留兩端各3cm的空白處。

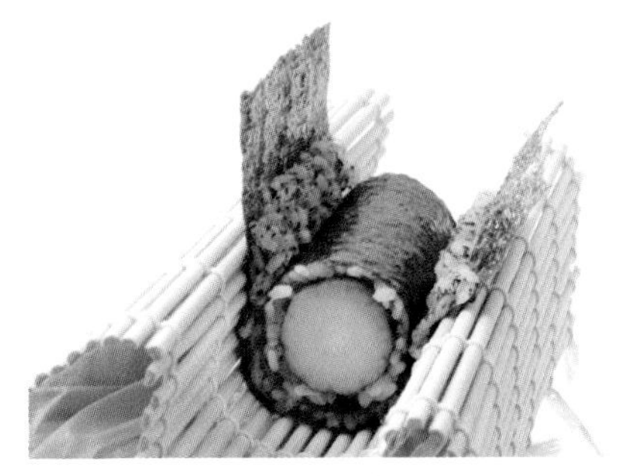

3 單手捲成圓形並拿好。

4 將20g紫色醋飯鋪在最上層，順著捲起黏上海苔。

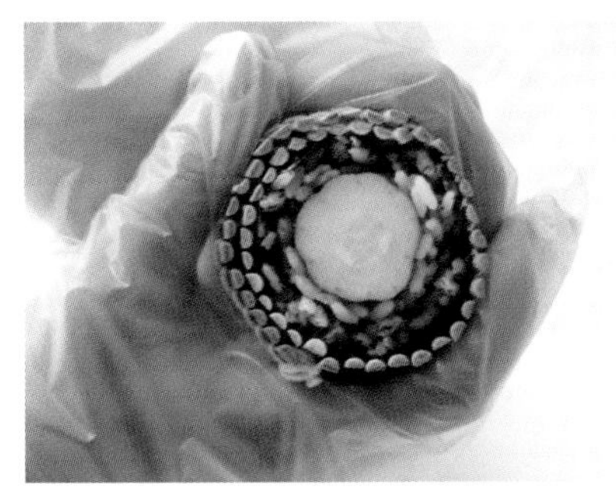

5 隔著壽司竹簾調整成圓形。

6 將做好的細捲以菜刀剖半，注意要切過小黃瓜的正中心，可以先切前半部，再一邊觀察一邊切下後半段。

7 接著把剖半的細捲再剖半，會變成1/4條。

8 把1片半張海苔和1片1/3張海苔黏接起來，再將海苔置於壽司竹簾上，把2條1/4的細捲放在海苔前端（如圖）。

9 將玉子燒如圖般放在2條1/4細捲上。

10 剩餘的2條1/4細捲如圖般置於玉子燒上，整個會變成正方形。

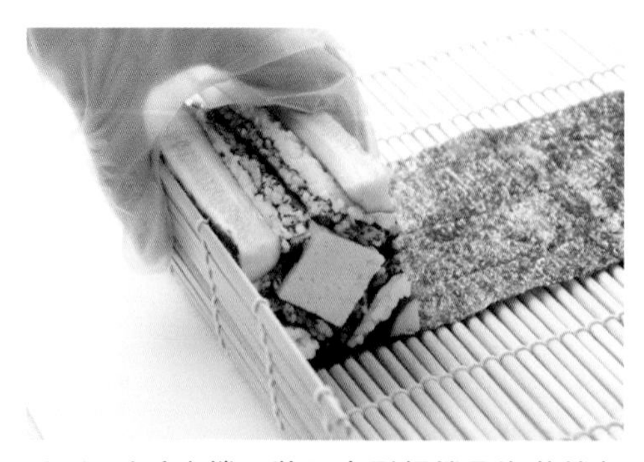

11 以手支撐，將正方形細捲用海苔捲起來。

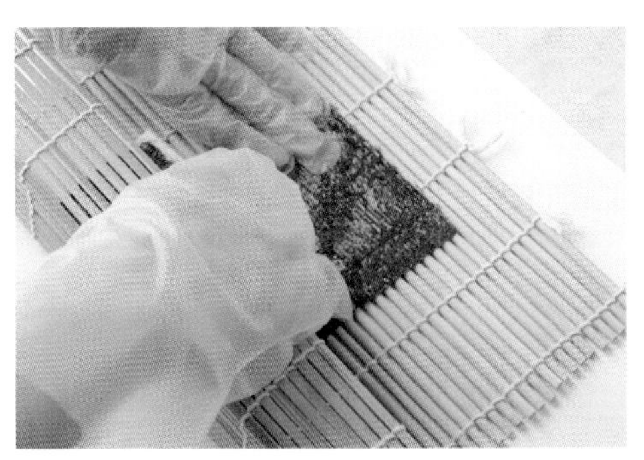

12 一邊捲的同時，要壓住另一端海苔，並隔著壽司竹簾施力拉住，牢牢地捲起。

13 將壽司捲兩端的醋飯修整一下，隔著壽司竹簾調整成正方形。

14 切成四等份，即可完成。

充滿摩登感的圖樣，最能展現出華麗風格！

LOVE

難易度＝★★★

這個壽司捲是利用食材來表現出文字，使用瓢瓜乾海苔捲清楚地表現出文字線條，再將所有文字平衡地組合成壽司捲，是特殊節日中，如：情人節時，很受歡迎的便當菜色。

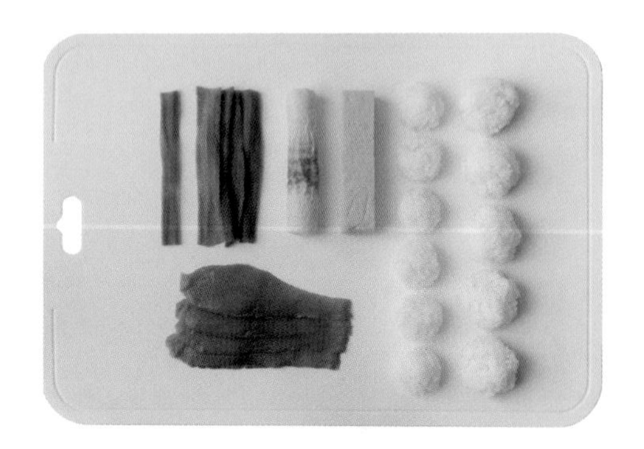

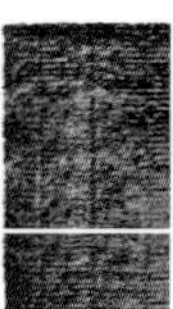
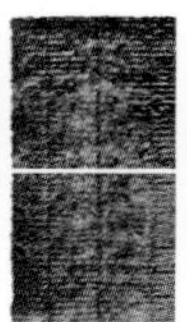
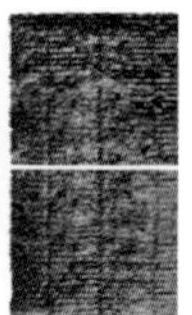

材料

- 醋飯（白色）…… 160g（分成20g×5份、10g×6份）
- 玉子燒 …… 2cm×2cm×10cm
- 竹輪 …… 10cm
- 瓢瓜乾 …… 1cm×10cm、5cm寬的份量×10cm
- 煙燻鮭魚 …… 4片

海苔

- 半張 …… 1片
- 2/3張 …… 1片
- 1/3張 …… 1片
- 1/2張 …… 4片

製作「L」

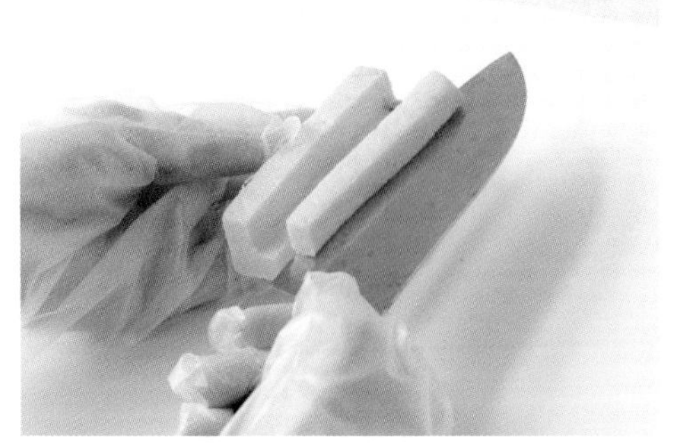

1 取玉子燒，在其中一角處切掉1cm的正方形，就變成L形。

2 將L形玉子燒置於1/2半張海苔前端。

3 沿L形的形狀用海苔包起來。
註：海苔乾燥時捲製，會難以貼合這種形狀，此時可以稍微用水沾濕。

4 L形玉子燒被切掉的部份，此處的海苔很容易浮起來變形，所以取10g白色醋飯填在此處。

製作「O」

5 使用1/2張海苔捲起竹輪。

製作「V」

6 在1/2張海苔的兩端，分別放上2片重疊的煙燻鮭魚（總共用掉4片）。

7 從海苔一端捲起煙燻鮭魚，並且往內折。

8 海苔另一端也捲起煙燻鮭魚，並且往內折。

9 最後海苔會折成「V」字形。

製作「E」

10 把1cm寬的瓢瓜乾放在1/3張海苔前端，並沿著瓢瓜乾1cm的寬度捲起。

11 把5cm寬的瓢瓜乾放在2/3張海苔的正中央。

12 沿著瓢瓜乾5cm的寬度，從海苔兩端往內對折成三折。

13 步驟10中做好的1cm瓢瓜乾細捲的兩側，分別鋪上10g醋飯。

14 將步驟13的半成品置於步驟12的海苔正中央。

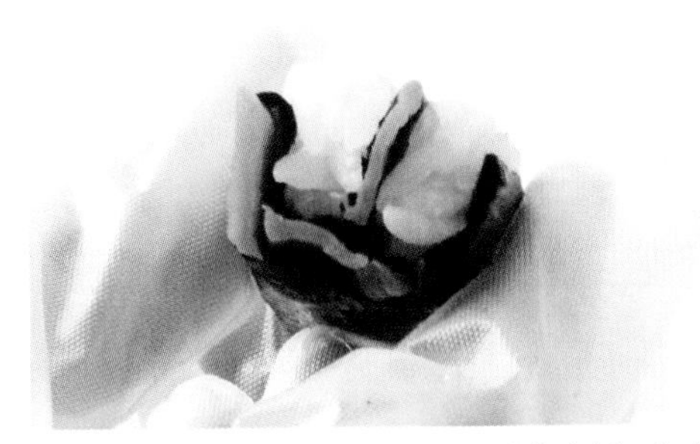

15 接著把（步驟12）海苔兩端往上折，包住醋飯，呈現「E」字形的樣子。

組合整體

16 將壽司竹簾轉90度，把1片半張海苔和1片1/2張海苔黏接起來，橫擺於其上。將20g醋飯鋪平在正中央5cm的寬度。

17 取「V」字細捲置於整體海苔的左下側，而「V」字細捲右下側塞入10g醋飯來支撐。

18 使用菜刀刀背，修整支撐用10g醋飯的形狀。

19 取「E」字細捲置於整體海苔的右下側，注意不能超出最底下鋪平的醋飯範圍。

20 取20g醋飯，鋪平於「V」字細捲和「E」字細捲之上。

21 接著，取「L」字細捲置於左側。

22 以10g醋飯填補「L」字細捲的上方凹陷處。

23 取「O」字細捲置於「E」字細捲的正上方。

24 接著各別取3份20g醋飯，覆蓋填滿上方、左側、右側共3處。

25 順著捲起黏上海苔。
註：最上層海苔和文字L和O之間要確實鋪到一層醋飯。

26 隔著壽司竹簾調整外形。

27 這不是左右對稱圖案的造型，所以先用菜刀把壽司捲兩端修整整齊，再切成四等份。

28 完成囉！

壽司捲 小鬼造型

難易度＝★★★

小鬼造型壽司捲是很可愛的壽司捲，只要利用飛舞的柴魚片當成小鬼的毛髮，不僅外型可愛，吃起來也很美味喔！

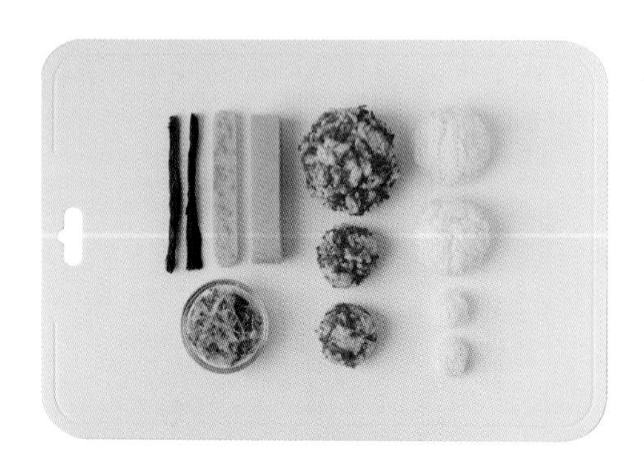

 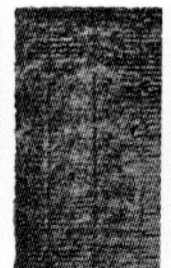 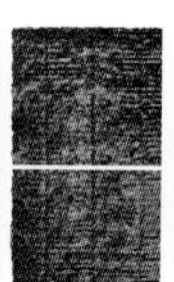 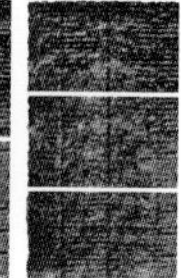

海苔

- 半張 …… 2片
- 1/2張 …… 2片
- 1/3張 …… 3片

材料

- 醋飯（白色）…… 110g（分成50g×2份、5g×2份）
- 醋飯（紅色）…… 120g（10g蝦皮混合110g醋飯，或櫻花素1大匙混合120g醋飯）、分成80g×1份、20g×2份
- 玉子燒 …… 2cm×2cm×10cm
- 起司魚板條 …… 10cm（縱切剖半）
- 野澤菜漬物 …… 10cm×2條（註：可使用廚房紙巾去除水份）
- 柴魚片 …… 適量

製作頭上的角

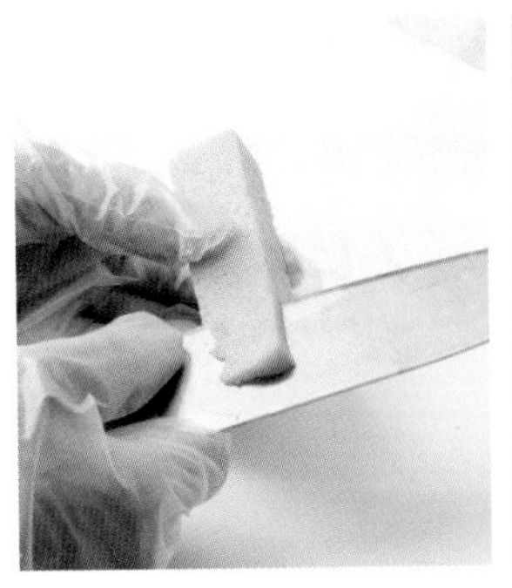
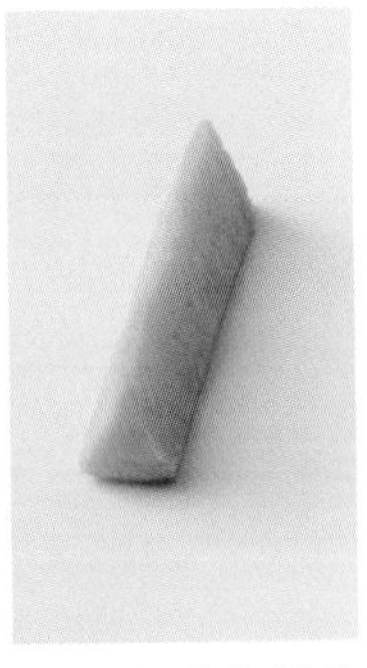

1 將玉子燒縱切成三角形，並把尖角部分削圓。

2 以1/2張海苔沿三角形外形捲起來。

製作嘴巴

3 將縱切剖半的起司魚板條（半圓形）以1/3張海苔捲起來。

製作眼睛

4 將野澤菜漬物置於1/3張海苔前端。

5 先以海苔捲起野澤菜漬物一圈，一邊填入5g白色醋飯，以水沾濕海苔最末端，最後再捲起，一共要做2條。

製作臉部

6 將壽司竹簾轉90度，半張海苔橫擺於其上。將嘴巴細捲平的那一面朝上，擺在半張海苔正中央，兩側則分別填入20g紅色醋飯。

7 將兩條眼睛細捲的野澤菜部分朝內，置於嘴巴細捲的兩端，當成眼睛。

8 使用80g紅色醋飯填入兩眼之間，並一路覆蓋到最上面。順著捲起黏上海苔。

9 將壽司竹簾轉90度，把1片半張海苔和1片1/2張海苔黏接起來，橫擺於壽司竹簾上。

組合整體

10 把臉部細捲置於整體海苔的正中央。

11 頭上的角細捲要置於臉部細捲的正中央，兩側則各別使用50g白色醋飯填滿。

12 順著捲起黏上海苔。

13 隔著壽司竹簾調整外形。

14 切成四等份。

15 完成囉！

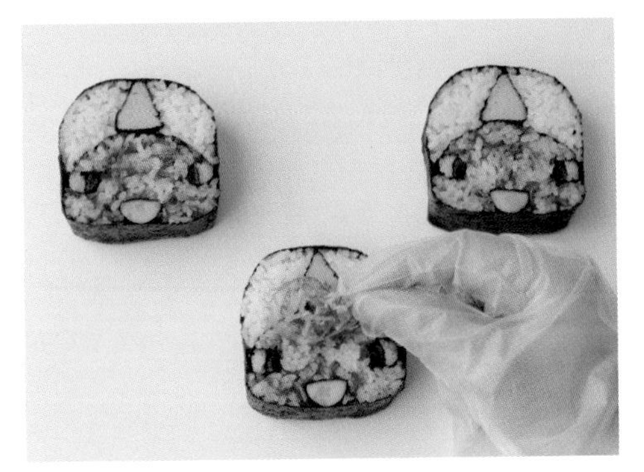

16 切片後，放上適量的柴魚片當成小鬼的毛髮吧！

鯉魚旗

難易度＝★★★

兒童節的盛典，就來一盤鯉魚旗造型壽司捲怎麼樣呢？一半使用綠色醋飯，一半使用粉紅色醋飯，做一款造型壽司捲，能有兩種顏色與口味，孩子一定會喜歡！

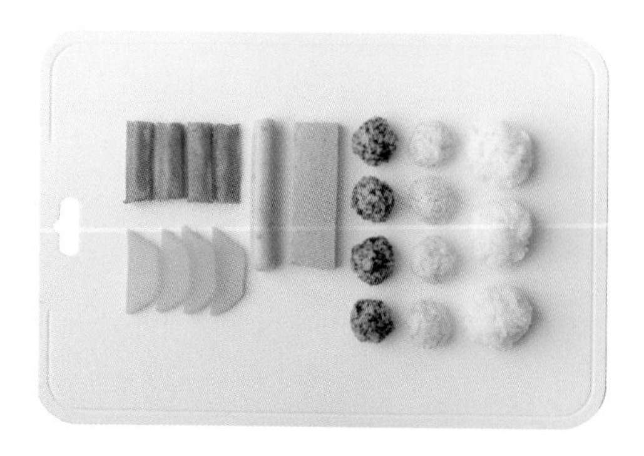

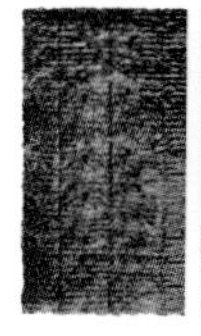
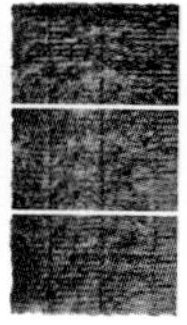
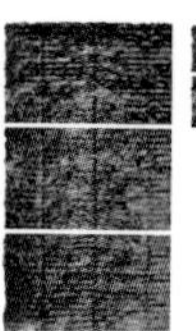

海苔
- 半張 …… 1片
- 1/3張 …… 6片
- 1/6張 …… 2片

材料
- 醋飯（白色）…… 60g（分成20g×3份）
- 醋飯（粉紅色）…… 40g（海鮮香鬆或櫻花素1小匙混合40g醋飯）、分成10g×4份
- 醋飯（綠色）…… 40g（海苔粉1小匙和少許美奶滋混合40g醋飯）、分成10g×4份
- 薄片玉子燒 …… 3cm×10cm
- 起司魚板條 …… 10cm
- 蟹肉棒 …… 5cm×4片
- 醃蘿蔔 …… 4片（切成半月形薄片）

製作眼睛

1 用1/3張海苔捲起起司魚板條。

製作魚鱗

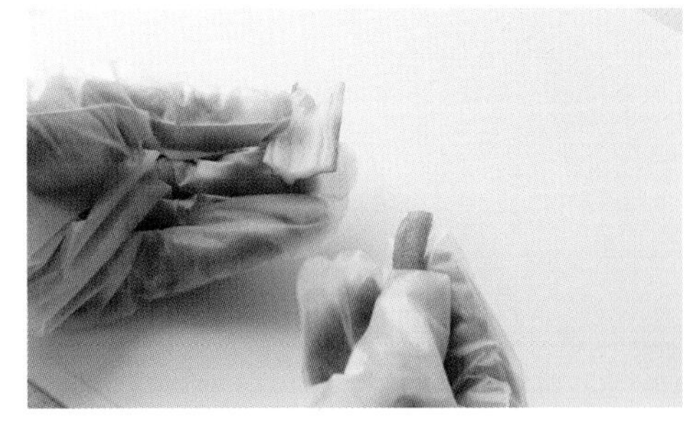

2 取出蟹肉棒中間的薄片。

3 各取1片醃蘿蔔和1片蟹肉棒，放在1/3張海苔的正中央（如圖）。

4 將10g綠色醋飯捏成棒狀並置於醃蘿蔔上，將10g粉紅色醋飯捏成棒狀並置於蟹肉棒上，最後用手捲成圓形，一共做4條。

製作尾鰭

5 把20g白色醋飯捏成長度10cm的三角形棒狀，一共做2條。

組合整體

6 將壽司竹簾轉90度，把1片半張海苔和1片1/3張海苔黏接起來，橫擺於壽司竹簾上。將薄片玉子燒置於整體海苔的正中央。

7 取1片1/6張海苔貼在薄片玉子燒上，把眼睛細捲置於其上的偏一側。

8 取20g白色醋飯填滿眼睛細捲左側，再取1片1/6張海苔貼在眼睛和白色醋飯上面。

9 接著，併排擺上2條魚鱗細捲，記得選用同色、同方向，再擺上第二排（總共用掉4條魚鱗細捲）。

10 取1條尾鰭（步驟5中的三角形棒狀白色醋飯），如圖般貼在魚鱗細捲上，單側以海苔黏貼住整體而固定。

11 沿著尾鰭的外形，把海苔往下折彎。

12 另一側也是同樣步驟，做出另一側的尾鰭。

13 隔著壽司竹簾調整外形。

14 切成四等份。注意壽司捲的正中央可能會切到綠色和粉紅色醋飯混合的位置，此時請挑選沒有混到色的那一面朝上擺放。

15 貼上海苔做成的眼睛，即可完成。

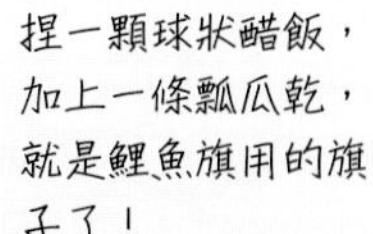

捏一顆球狀醋飯，
加上一條瓢瓜乾，
就是鯉魚旗用的旗
子了！

聖誕老公公

難易度＝★★★

濃密的鬍子是這款壽司捲的魅力之處，確實地整形成半圓形，並加以組合食材即可完成，最重點就是要製作出濃密的鬍子。

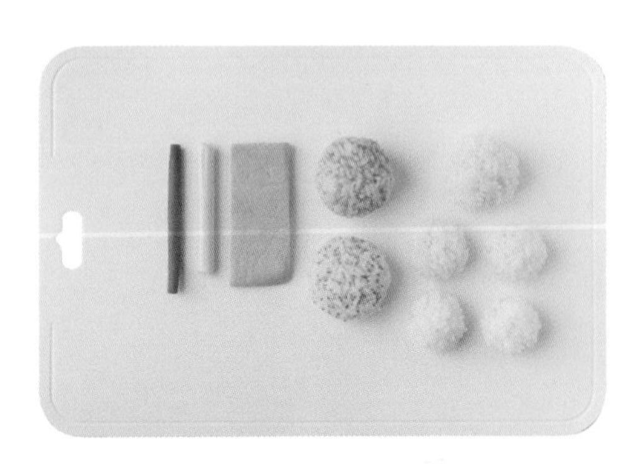

材料

- 醋飯（白色）…… 120g（分成40g×1份、20g×4份）
- 醋飯（粉紅色）…… 50g（海鮮香鬆或櫻花素1/2大匙混合50g醋飯）
- 醋飯（橘色）…… 50g（鮭魚香鬆或飛魚卵1/2小匙混合50g醋飯）
- 玉子燒 …… 1cm×5cm×10cm（也可以使用薄片玉子燒5cm×10cm）
- 起司條 …… 10cm
- 醃製山牛蒡 …… 10cm（也可以使用尖角部分已削圓的燉胡蘿蔔）

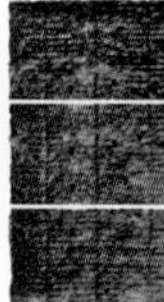

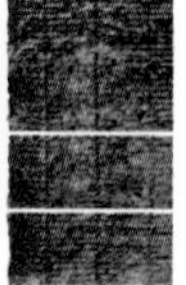

海苔

- 半張 …… 1片
- 1/3張 …… 4片
- 2/3張 …… 1片
- 1/2張 …… 1片
- 1/4張 …… 2片

製作鼻子

1 用1/4張海苔捲起醃製山牛蒡。

製作帽子

2 用1/4張海苔捲起起司條。

3 用2/3張海苔捲起玉子燒。

4 把50g粉紅色醋飯置於玉子燒細捲上，並捏成三角形棒狀。

5 將起司條細捲置於三角形棒狀之上。

製作鬍鬚

6 將20g白色醋飯捏成棒狀，置於1/3張海苔前端並捲起，一共做4條。

7 使用菜刀從海苔下方切下一刀，只切開一半，不要完全分離。

8 一共要切4條，但最後1條要完全切開分成兩半。

組合整體

9 將壽司竹簾轉90度，把1片半張海苔和1片1/2張海苔黏接起來，橫擺於壽司竹簾上。將步驟8中只切開一半的3條細捲並排於整體海苔上的正中央。

10 再把40g白色醋飯鋪在正中央約5cm的寬度。

11 再把鼻子細捲置於正中央。

12 取步驟8中第4條完全切開分成兩半的細捲，放在鼻子細捲的左右兩側。

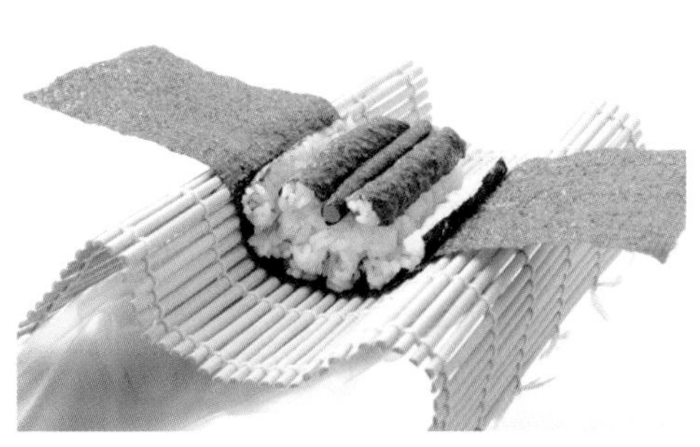

13 單手捲成圓形並拿好。

14 將數個朝上和朝下的半圓形細捲，略為整形成相連的雲朵造型，從剖面看就會變成鬍鬚外形。

15 把50g橘色醋飯鋪在鬍鬚上方，當成臉部。

16 把步驟5中做好的帽子細捲放到步驟15中的臉部上，最後順著捲起黏上海苔。

17 讓壽司捲半成品倒在壽司竹簾上捲動，捲到最後時，使用捏碎的醋飯把海苔末端黏接起來。

18 切成四等份，黏上海苔做成的眼睛和嘴巴，即可完成。

難易度＝★★★

故事造型壽司捲

故事造型壽司捲非常有趣，一條壽司捲中具有4種不同的圖案造型喔！雞媽媽孵雞蛋，孵著孵著，小雞就從蛋殼裡跑出來了唷！

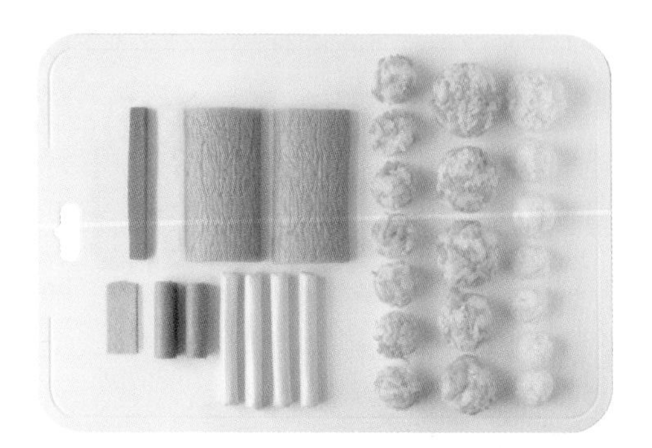

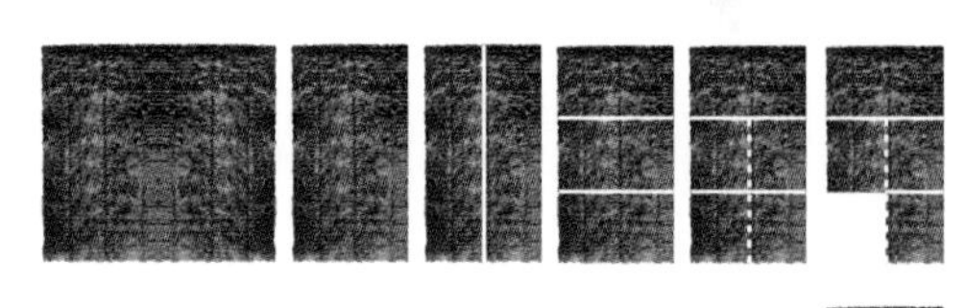

材料

- 醋飯（白色）…… 60g（分成20g×1份、10g×2份、5g×4份）
- 醋飯（黃色）…… 210g（40g蛋絲切末混合170g醋飯）、分成40g×1份、30g×2份、20g×2份、10g×7份
- 魚板 …… 10cm×2條
- 燉胡蘿蔔 …… 1cm×1cm×10cm
- 起司條 …… 20cm×2份
- 魚肉香腸 …… 5cm×2條
- 玉子燒 …… 1cm×2cm×5cm

海苔

- 整張 …… 1片
- 半張 …… 1片
- 1/2張（縱）…… 2片
- 1/3張 …… 5片
- 1/4張 …… 1片
- 1/3張再縱向對切 …… 7片

製作小雞嘴巴

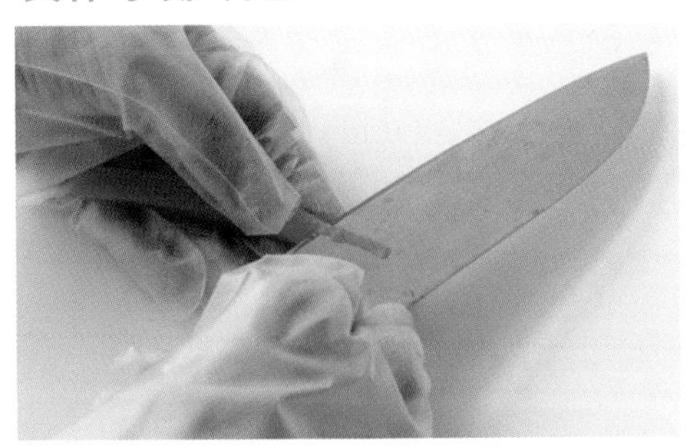

1 將燉胡蘿蔔的尖角部分削圓。

2 以1/3張海苔捲起燉胡蘿蔔。

製作小雞腳、母雞冠

3 將魚肉香腸縱切剖半，一共會有4條。

4 以1/3張海苔捲起魚肉香腸，一共做4條。

製作蛋殼

5 取第1條魚板，在平的那一面切出（縱切）2個三角形的溝槽（魚板細捲A）。

6 取第2條魚板，先橫切兩半，取其中一條沿圓弧狀那一面切出一片薄片（魚板細捲B）。

7 取步驟6中切剩下的內側半圓柱魚板，如步驟5一般，切出（縱切）2個三角形的溝槽（魚板細捲C）。

8 取橫切兩半的另一條魚板，分別先在正中央切出（縱切）1個三角形的溝槽，接著在左右側各切出（縱切）2個三角形的溝槽（魚板細捲D）。

製作雞媽媽嘴巴

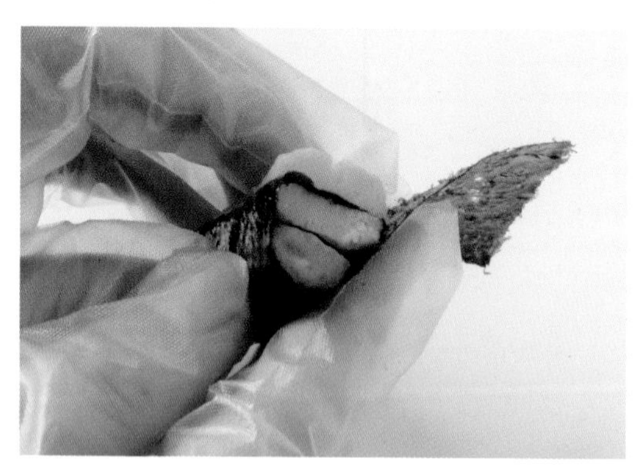

9 將玉子燒的尖角部分削圓，再將1cm× 2cm×5cm長的玉子燒切成2片1cm×1cm×5cm長的玉子燒。以1/4半張海苔捲起其中第1片玉子燒，緊接著捲上步驟4中做好的1條魚肉香腸細捲，再如圖般緊接著捲起第2片玉子燒，最後全部捲成一捲。

製作眼睛

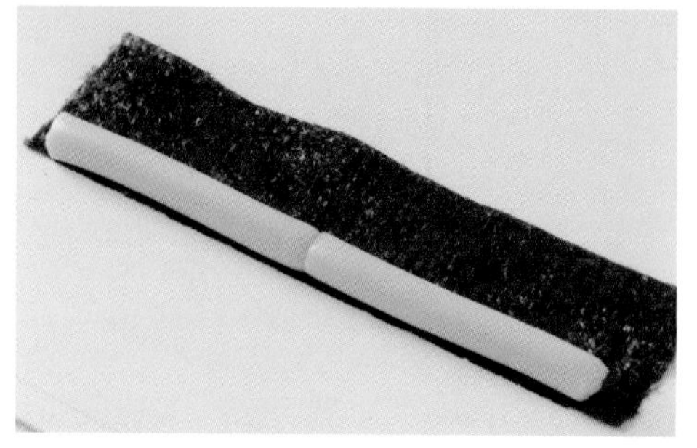

10 將起司條置於1/2張（縱）海苔上並捲起，一共做2條。

製作小雞翅膀

11 以1/3張海苔捲起10g黃色醋飯，並捏成橢圓形，一共做2條。

製作雞媽媽翅膀

12 以1/3張海苔捲起10g白色醋飯，並捏成橢圓形，再橫切成兩段。

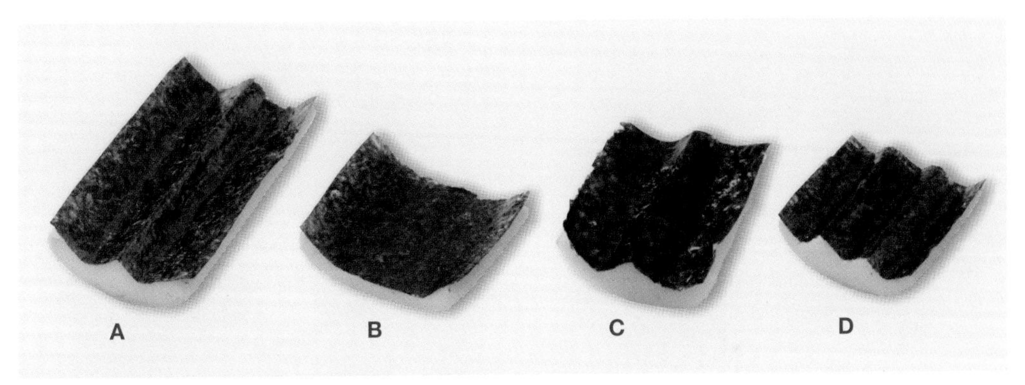

13 取步驟5～8中做好的魚板細捲，各自貼上一片海苔。魚板細捲A貼上1/3張海苔（縱向貼），魚板細捲B、C、D也是貼上1/3張海苔（橫向貼），注意要沿著溝槽形狀貼齊。

組合整體

14 將壽司竹簾轉90度，把1片整張海苔和1片半張海苔黏接起來。

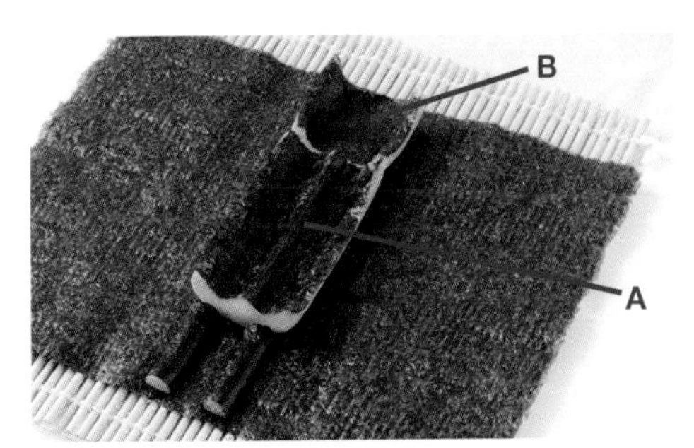

15 如圖般，將魚板細捲A和B擺在黏好的整體海苔正中央，並縱向排列，取2條魚肉香腸細捲，放在整體海苔的最前端。

16 將10g白色醋飯鋪平於魚板細捲B上。

17 取步驟9中做好的雞媽媽嘴巴，將魚肉香腸朝下，置於魚板細捲B上的正中央。

18 分別在雞媽媽嘴巴兩側填入5g白色醋飯，再將步驟12中做好的雞媽媽翅膀放在5g白色醋飯外側。

19 將40g黃色醋飯覆蓋在魚板細捲A和魚肉香腸細捲上。

20 此時將半成品分成兩半（前段和後段）來看，如圖般，將步驟11做好的2條小雞翅膀放在前段上，而正中央則放上步驟2中做好的小雞嘴巴。嘴巴兩側分別填入10g黃色醋飯，圖中紅色斜線部份也填入10g黃色醋飯。

21 取步驟10中做好的2條眼睛細捲，放在小雞嘴巴到雞媽媽嘴巴的兩側（橫跨前段和後段）。

22 如圖般，分別取30g黃色醋飯、20g黃色醋飯、20g黃色醋飯、20g白色醋飯，在半成品的最上方鋪成半圓形覆蓋住。

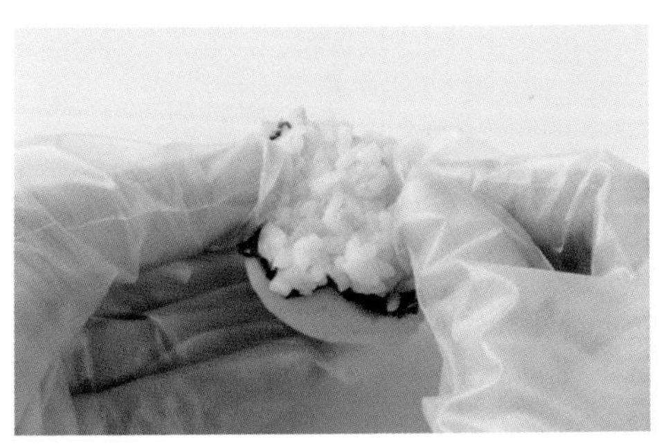

23 接著，在步驟13中做好的魚板細捲C、D溝槽內，分別填入10g黃色醋飯。

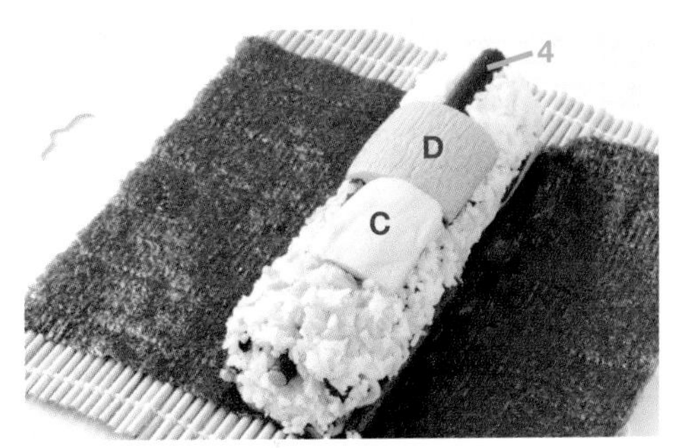

24 將填滿醋飯的魚板細捲C、D，放在圖中標示C和D處。取步驟4中做好的最後1條魚肉香腸細捲，平的那一面朝下，置於圖中標示4處，其兩側則分別填入5g白色醋飯。

25 隔著壽司竹簾，一手朝上捲並拿好，還未捲起的海苔部分可直接擺在桌上，用另一手配合捲動並黏接起來。

26 切成八等份。換言之每種圖案都會切出兩片，最後黏上海苔做的眼睛，即可完成。

美味營養的手作親子壽司捲

作者：若生久美子

出版發行

橙實文化有限公司 CHENG SHI Publishing Co., Ltd
客服專線／（03）3811-618

作者	若生久美子	
總編輯	于筱芬	CAROL YU, Editor-in-Chief
副總編輯	吳瓊寧	JOY WU, Deputy Editor-in-Chief
行銷主任	陳佳惠	Iris Chen, Marketing Manager

美術編輯	張哲榮
封面設計	亞樂設計
製版／印刷／裝訂	皇甫彩藝印刷股份有限公司

編輯中心

桃園市大園區領航北路四段382-5號2F
2F., No.382-5, Sec. 4, Linghang N. Rd., Dayuan Dist.,
Taoyuan City 337, Taiwan (R.O.C.)
TEL／（886）3-3811-618 FAX／（886）3-3811-620
Mail：Orangestylish@gmail.com
粉絲團https://www.facebook.com/OrangeStylish/

全球總經銷

聯合發行股份有限公司
ADD／新北市新店區寶橋路235巷弄6弄6號2樓
TEL／（886）2-2917-8022 FAX／（886）2-2915-8614
出版日期 2018年4月

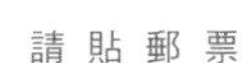

請貼郵票

橙實文化有限公司

CHENG -SHI Publishing Co., Ltd

337 桃園市大園區領航北路四段382-5號2F

讀者服務專線：（03）3811-618

請沿虛線剪下寄回

書系：Taste 11
書名：美味營養的手作親子壽司捲

讀者資料（讀者資料僅供出版社建檔及寄送書訊使用）

- 姓名：________________
- 性別：□男 □女
- 出生：民國 ______ 年 ______ 月 ______ 日
- 學歷：□大學以上 □大學 □專科 □高中（職） □國中 □國小
- 電話：________________
- 地址：________________
- E-mail：________________
- 您購買本書的方式：□博客來 □金石堂（含金石堂網路書店）□誠品
  □其他 ________________（請填寫書店名稱）
- 您對本書有哪些建議？________________
- 您希望看到哪些親子育兒部落客或名人出書？________________
- 您希望看到哪些題材的書籍？________________
- 為保障個資法，您的電子信箱是否願意收到橙實文化出版資訊及抽獎資訊？
  □願意 □不願意

請沿虛線剪下寄回

買書抽大獎

CHEF TOPF
薔薇系列
20公分湯鍋
抽2個
（市價 NT1,800）

- **活動日期**：即日起至2018年7月15日
- **中獎公布**：2018年7月16日於橙實文化FB粉絲團公告中獎名單，請中獎人主動私訊收件資料，若資料有誤則視同放棄。
- **抽獎資格**：STEP1：購買本書並填妥讀者回函（影印無效）寄回橙實文化，或拍照MAIL至橙實文化信箱。STEP2：於橙實文化FB粉絲團按讚。
- **注意事項**：中獎者必須自付運費，詳細抽獎注意事項公布於橙實文化FB粉絲團，橙實文化保留更動此次活動內容的權限。

橙實文化FB粉絲團：https://www.facebook.com/OrangeStylish/

黏貼處